Salauddin Al Azad

Vírus Ébola: Uma bio-máquina infecciosa

AF665890

Salauddin Al Azad

Vírus Ébola: Uma bio-máquina infecciosa

ScienciaScripts

Cover image: www.ingimage.com

This book is a translation from the original published under ISBN 978-620-2-00878-5.

Publisher:
Sciencia Scripts
is a trademark of
Dodo Books Indian Ocean Ltd. and OmniScriptum S.R.L publishing group

120 High Road, East Finchley, London, N2 9ED, United Kingdom
Str. Armeneasca 28/1, office 1, Chisinau MD-2012, Republic of Moldova, Europe
Printed at: see last page
ISBN: 978-620-7-62370-9

Dedicado aos combatentes da liberdade e aos amantes da paz de todo o mundo

ÍNDICE DE CONTEÚDOS

Reconhecimento

Há várias pessoas sem as quais esta abordagem não teria sido de todo possível e os autores gostariam de agradecer.

Em primeiro lugar, os autores gostariam de exprimir o seu maior e mais profundo agradecimento a Deus Todo-Poderoso, a quem vão todas as aprovações por lhes ter permitido concluir este trabalho.

Os autores transmitem a sua mais profunda e sincera gratidão, o seu respeito sincero, os seus cumprimentos esclarecidos e a sua dívida para com os respectivos supervisor e co-supervisor, Dr. Khondoker Moazzem Hossain e Dr. S.M. Mahbubur Rahman, Professores da Disciplina de Biotecnologia e Engenharia Genética, Escola de Ciências da Vida, Universidade de Khulna, Bangladesh, pela sua supervisão eficaz, conselhos preciosos e apoio transcendente, orientação escolar, assistência incansável, críticas produtivas, sugestões valiosas e incitamento contínuo em todos os aspectos, desde o início até à conclusão deste trabalho.

É com grande satisfação e prazer que expresso uma saudação de agradecimento ao Dr. Jahan Al Mahmud, que sacrificou muito tempo para monitorizar todo o programa de redação de artigos com grande cuidado, trabalho e mérito.

Por último, os nossos sinceros agradecimentos e reconhecimento são devidos aos nossos pais por toda a sua prodigiosa bênção e apoio pecuniário ao longo deste estudo.

Resumo

Nos últimos tempos, o vírus Ébola, a sua infeção, o desenvolvimento da doença, a taxa de mortalidade, as questões de segurança e a vacinação tornaram-se palavras de ordem no mundo, especialmente para a população dos países da África Ocidental, onde a gravidade da doença varia entre uma resposta assintomática (doença ligeira) e uma fatalidade rápida. A moda da infeção por Ébola está atenta à demolição do sistema imunitário, com consequências graves através de vias de ligação biomoleculares muito críticas. O recetor de ligação GP do Ébola, o transportador de colesterol, a proteína NPC1 (Niemann-Pick C1), etc., abrem caminho à ocorrência da infeção, juntamente com a expressão de TIM-1 (T- cell Ig and Mucin Domain 1). Após a infeção, as células imunitárias transportam o vírus para os gânglios linfáticos próximos para continuar a replicação e, assim, criar descendentes de vírus maduros para a formação da doença fatal. Em suma, a compreensão do mecanismo de infeção e replicação deste vírus poderia constituir uma melhor opção para o desenvolvimento de medicamentos moleculares e nanomedicamentos contra a DVE (doença por vírus Ébola) nas próximas décadas. Foi estabelecida uma comparação entre outras doenças mortais e a infeção pelo vírus Ébola e, ao mesmo tempo, foram também dadas algumas orientações lógicas neste documento que poderão ajudar os investigadores entusiastas a avançar para o próximo nível de investigação do vírus Ébola no futuro. De um modo geral, a base molecular da infeção pelo vírus Ébola foi aqui considerada para um estudo muito simples e as moléculas virulentas são aqui referidas como as "Bio-máquinas infecciosas" do vírus Ébola.

Palavras-chave: EHF (Febre Hemorrágica do Ébola), GP (Glicoproteína), EVD (Doença do Vírus Ébola), Sistema Imunitário, Nano-medicina

Capítulo 1

Introdução

O vírus Ébola, outrora designado por vírus Ébola do Zaire, mas agora também conhecido por EBOV, é, de facto, um agente causador de doenças fatais que pode ser considerado um vírus assassino devido à sua vasta atividade de virulência e às poucas oportunidades de medicação. A doença provocada pelo vírus Ébola (DVE), com febre hemorrágica grave, ocorre não só nos seres humanos mas também em muitos outros mamíferos e a taxa de mortalidade é elevada no género Ebolavirus [9]. Na verdade, o vírus Ébola e o seu género foram encontrados pela primeira vez na República Democrática do Congo e receberam o nome do rio africano Ébola, onde foi encontrada a primeira febre hemorrágica. As lesões de órgãos, a disfunção de múltiplos órgãos, a coagulopatia intravascular difusa (CID) com consumo de plaquetas e de factores de coagulação são responsáveis pela hemorragia [2]. A maioria das mortes humanas causadas pela DVE nos últimos anos atingiu uma natureza epidémica, especificamente nos países da África Ocidental, incluindo a Serra Leoa, a Guiné, a Libéria e a Costa do Marfim, com a infeção de mais de vinte e sete mil vítimas do vírus Ébola e cerca de doze mil mortes. A maioria dos surtos foi de pequena dimensão, mas o vírus captou a atenção do mundo devido às taxas de mortalidade que atingiram 90%, bem como à forma visceral como matou [3]. O vírus Ébola é assim chamado por ter uma relação muito próxima com o vírus de Marburgo [6]. Tal como o vírus Baculo, o vírus Ébola é transmitido por vetor. No caso do vírus Ébola, não só os morcegos frugívoros precisos, mas também os chimpanzés podem servir de reservatório natural [8]. As florestas tropicais do continente africano são as mais adequadas para o vírus Ébola. A infeção pelo vírus Ébola varia de pessoa para pessoa. Em geral, é transmitido entre seres humanos (geralmente pessoas que entram em contacto próximo) e, por vezes, de animais para seres humanos através de fluidos sanguíneos contaminados com o vírus em causa.

O vírus Ébola replica-se preferencialmente em monócitos/macrófagos e células dendríticas, o que facilita a disseminação do vírus por todo o corpo através do sistema linfático [4]. Assim, o manuseamento perigoso e arriscado de amostras torna a investigação do vírus Ébola uma questão premente, mas ainda hoje são efectuados diferentes diagnósticos laboratoriais sofisticados [5]. Os sintomas começam 2 dias a 3 semanas após a contração do vírus, com febre, dores de garganta, dores musculares, dores de cabeça, náuseas, vómitos e diarreia, seguidos de uma diminuição do funcionamento hepato-renal [1].

A baixa concentração anormal de linfócitos é uma consequência comum da invasão do vírus Ébola. Em certa medida, pode destruir completamente a nossa imunidade na fase grave, que é quase semelhante à infeção pelo VIH. Recentemente, foi desenvolvida uma vacina candidata multivalente (EBO7) que expressou as glicoproteínas do vírus ébola do Zaire (ZEBOV) e do vírus ébola do Sudão (SEBOV) num único vetor complexo baseado em adenovírus (CAdVax) e demonstrou uma potencial proteção de primatas não humanos contra esses vírus ébola [7]. Com julgamentos reais e observações precisas, os seguintes objectivos podem ser esclarecidos para o artigo.

1. Compreender o vírus Ébola e a espécie a partir das fases moleculares.
2. Revelar os mecanismos de infeção que tornaram o vírus Ébola fatal, bem como a sua relação com doenças mortais selectivas e os tratamentos.
3. Estabelecer algumas opções que possam ser as chaves para a futura investigação do vírus Ébola.

Referências

1. *Angier, Natalie. 2014. Assassinos em uma célula, mas à solta - Ebola e o vasto viral Universo. New York Times. Recuperado em 27 de outubro de 2014.*
2. *GubbayJ , GarberG , Whelan M et al. (2014). Ebola VirusDisease , PHO Grand Rondas. Recebido a 2 de setembro de 2017.*
3. *Johnson K.M., Breman JG (1978). Febre hemorrágica do Ébola no Zaire, 1976. Boletim da Organização Mundial de Saúde, 56(2), 271-293.*
4. *Mupapa K, Massamba M, Kibadi K. 1999. Tratamento da febre hemorrágica do Ébola com transfusões de sangue de pacientes convalescentes. J Infect-Dis. 179(suppl 1): S18- 23.*
5. *Murphy, Frederick A. 2002. EbolaVirus . Russl, Belrett. EbolaInformation . 19/03/04. http://www.brettrussell.com/personal/ebola.html*
6. *Pattyn, S, Jacob W, Groen et al. (1977). Isolamento de um vírus do tipo Marburg num caso de febre hemorrágica no Zaire. Lancet. 309 (8011): 573-574.*
7. *Pratt WD, Wang D, Nichols DK, Luo M, Woraratanadharm J, Dye JM, Holman DH, DongJY . 2010. Proteção de primatas não humanos contra duas espécies de Infeção pelo vírus Ébola com um único vetor complexo de adenovírus. Clinical vaccine immunology 17(4):572-81.*
8. *Quammen, David. 2014. Morcego comedor de insetos pode ser a origem do surto de Ebola, NewStudy Suggests. National Geographic Society. Recuperado em 30/12/2014.*
9. *Kuhn, Jens H.; Becker, Stephan; Ebihara, Hideki; Geisbert, Thomas W.; Johnson, Karl M.; Kawaoka, Yoshihiro; Lipkin, W. Ian; Negredo, Ana I. 2010. Proposta de revisão da taxonomia da família Filoviridae: Classificação, nomes de taxa e vírus e abreviaturas de vírus. Archives of Virologia. 155(12): 2083-103.*

Capítulo 2

Classificação do vírus Ébola

Tabela 1: Surtos, epidemias e intervalo de mortalidade humana devido a várias espécies do vírus Ébola [7].

Species name	Outbreaks and epidemics	Mortality range
Zaire Ebola Virus	Multiple outbreaks in central Africa, 2014-2015 west African	55-88%
Sudan Ebola Virus	Four epidemics up to date- two in Sudan in 1970, one in Uganda in 2000 and again in	Approximately 50%
Tai Forest Ebola Virus	In Ivory Coast in 1994.	Less severe than Zaire and
Bundibugyo virus	In Uganda, 2007.	Approximately 30%
Reston virus	Outbreaks in Reston due to lethal infection of Macaques imported into USA in 1989 from Philippines, three more outbreaks occurred in USA and Europe before outbreaks in Philippines	Low pathogenicity or non- pathogenic

Vírus do Zaire

A espécie vírus Ébola do Zaire é um táxon virológico incluído no género vírus Ébola, família *Filoviridae,* ordem Mononegavirales. A espécie tem um único membro viral, o vírus Ébola (EBOV), e é a espécie típica do género do vírus Ébola. Os membros da espécie são designados vírus Ébola do Zaire [6]. Um estudo mostra que o domínio 1 da imunoglobulina e da mucina das células T (TIM-1) é um recetor do vírus Ébola do Zaire e do vírus Marburgo do Lago Vitória. As glicoproteínas (GP) dos vírus envelopados facilitam a entrada na célula hospedeira através da interação com receptores celulares específicos. O domínio 1 de Ig e mucina das células T (TIM-1) liga-se ao domínio de ligação ao recetor da glicoproteína do vírus Ébola do Zaire (EBOV) e a expressão ectópica de TIM-1 em células pouco permissivas aumenta a infeção pelo EBOV em 10 a 30 vezes. Por outro lado, a redução da expressão do TIM-1 na superfície celular por RNAi diminuiu a infeção de células Vero altamente permissivas. A expressão de TIM-1 no corpo humano é mais ampla do que se pensava, mas a expressão em epitélios da mucosa da traqueia, córnea e conjuntiva - tecidos que se acredita serem importantes durante a transmissão in vivo de *Filovírus* [1]. Os doentes ficam muitas vezes confusos, pensando que a doença é malária e não VED, razão pela qual já foram registados casos de infusão de quinino no Norte do Zaire. Na realidade, isto acontece devido a sintomas semelhantes e a consequência final da infusão de quinino é o aparecimento de uma fase mais imunocomprometida [3]. Foi realizada uma investigação tendo em conta vários parâmetros em grupos de ratos e porquinhos-da-índia e em três macacos rhesus após a infeção com o EBO-Z adaptado ao rato. O vírus causou uma doença fatal não só nos ratos, mas também nas cobaias, em que o curso da doença se assemelhava ao produzido pelo EBO-Z adaptado às cobaias. Os ratos, as cobaias e os macacos apresentaram perturbações hematológicas e bioquímicas semelhantes, mas as coagulopatias foram menos marcantes nos ratos do que nas outras duas espécies.

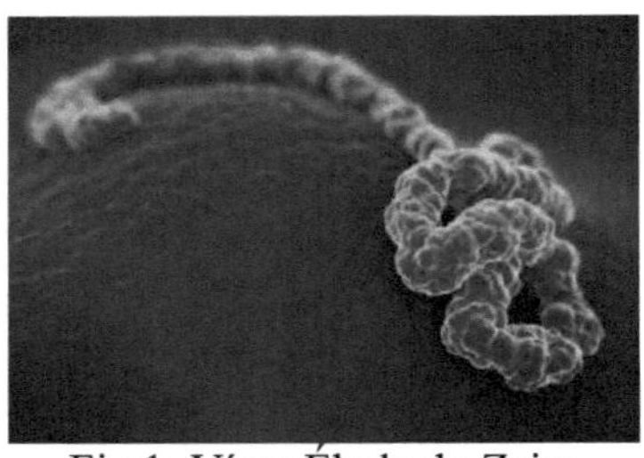

Fig.1: Vírus Ébola do Zaire

O vírus causou uma doença grave nos três macacos, um dos quais morreu. No macaco infetado letalmente, o grau de viremia e as alterações hematológicas, bioquímicas séricas e de coagulação foram superiores aos dos outros dois animais. Todos os três macacos desenvolveram coagulação intravascular disseminada. Este facto pode ser uma das indicações claras de que o vírus Zaire é fatal tanto para os seres humanos como para os animais [2].

Sudão Vírus Ébola

Um vírus da espécie Sudan ebolavirus é um vírus do Sudão (SUDV) se tiver as propriedades dos vírus Ébola do Sudão e se o seu genoma divergir do genoma do protótipo do vírus Sudan, a variante Boniface do vírus do Sudão (SUDV/Bon), em <10% ao nível dos nucleótidos [6]. A DVE devida à infeção por SUDV não pode ser diferenciada da DVE causada por outros vírus Ébola apenas por observação clínica.

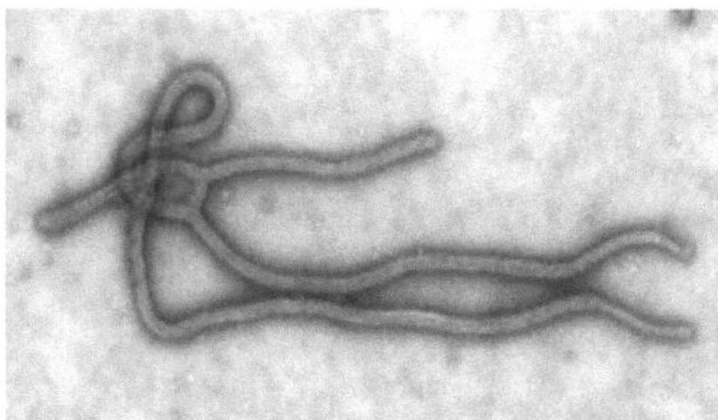

Fig.2: Observação microscópica do vírus Ébola do Sudão

A sua sequência genómica, a sua organização genómica e a conservação de quadros de leitura abertos individuais são semelhantes às dos outros quatro vírus Ébola conhecidos.

Vírus Ébola da Floresta de Tai

O vírus é endémico na Costa do Marfim e contém um genoma com três sobreposições de genes (VP35/VP40, GP/VP30 e VP24/L). A sua sequência genómica é diferente do vírus Ébola em >30%, mas diferente do vírus Tai Forest em <30% [6].

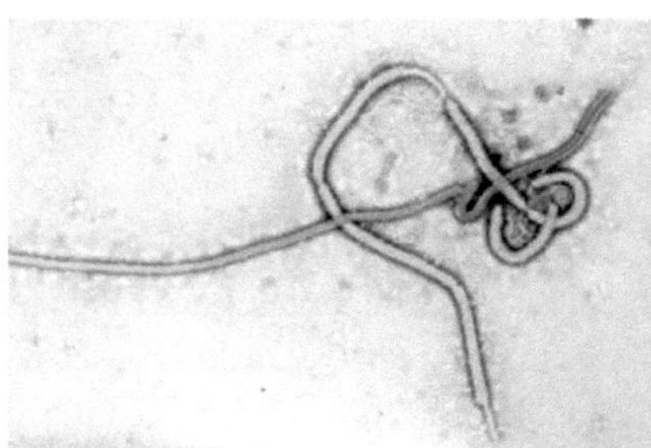

Fig. 3: Observação microscópica do vírus Ébola da floresta de Tai

Vírus Ébola em Bundibugyo

Um vírus da espécie Bundibugyo Ebola virus é um vírus Bundibugyo se tiver as propriedades dos vírus Bundibugyo Ebola e se o seu genoma divergir do genoma do protótipo do vírus Bundibugyo Ebola, Bundibugyo virus variant #811250

(BDBV/#811250), em <10% ao nível dos nucleótidos [6]. O BDBV está basicamente descaraterizado a nível molecular. No entanto, a sua sequência genómica, a sua organização genómica e a conservação de quadros de leitura abertos individuais são semelhantes às dos outros quatro vírus Ébola conhecidos (58-61% de semelhança de nucleótidos) [5]. Por conseguinte, presume-se atualmente que os conhecimentos obtidos para o EBOV podem ser extrapolados para o BDBV e que todas as proteínas do BDBV são análogas às do EBOV.

Vírus Reston

O vírus encontra-se nas Filipinas e pode infetar os seres humanos, mas até à data não foi notificada qualquer doença ou morte em seres humanos. Entre os trabalhadores em contacto com macacos ou porcos infectados com o Ébola Reston, foram documentadas várias infecções humanas que eram clinicamente assintomáticas. O RESTV parece ser menos capaz de causar doença em seres humanos do que as outras espécies de Ébola. A estirpe de Ébola presente nos macacos Reston, denominada vírus Ébola Reston, parece não ser patogénica para os seres humanos, embora continue a ser patogénica para os macacos.

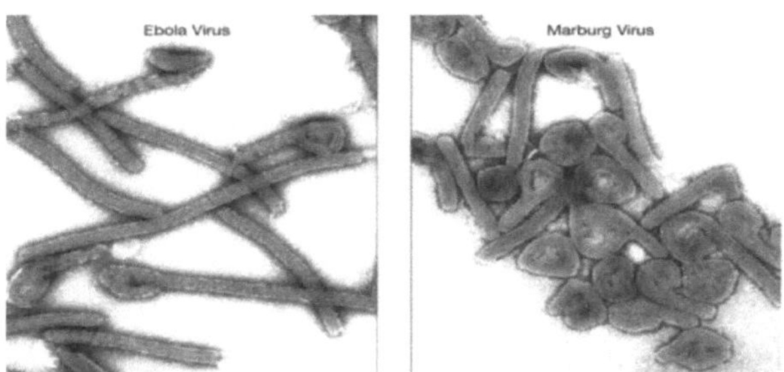

Fig.4: Comparação da observação microscópica entre o vírus Ébola e o vírus de Marburgo

Todos os surtos ocorreram em macacos importados das Filipinas e parece provável que o vírus seja nativo das Filipinas. Não se registou qualquer doença grave em seres humanos em nenhum destes surtos. A sequenciação de nucleótidos mostrou que o vírus Ébola de Reston está intimamente relacionado com os vírus Ébola africanos. A razão da atenuação nos seres humanos continua por explicar [8].

Referências

1. *Andrew S. K., Nicholas J. L., Patrick L. S.et al. (2011). "A imunoglobulina de células T e o domínio de mucina 1 (TIM-1) é um recetor para o Zaire Ebolavirus e o Lake Victoria Marburgvirus". Actas da Academia Nacional de Ciências dos Estados Unidos da América. Vol: 108, no.20. 8426-8431, doi:*

10.1073/pnas.1019030108

2. *Bray M., Hatfill S., Hensley L., Huggins J.W. (2011). "Alterações hematológicas, bioquímicas e de coagulação em ratos, porquinhos-da-índia e macacos infectados com uma variante adaptada ao rato do vírus Ebola Zaire". Journal of Comparative Pathology. Volume 125, Número 4, Páginas 243-253.*
3. *Centros de Controlo e Prevenção de Doenças (CDC) (1995). "Surto de febre hemorrágica viral do Ébola - Zaire, 1995". Relatório Semanal de Morbilidade e Mortalidade. 44 (19): 381-2. PMID 7739512.*
4. *Feldmann, H. K. (1993). "Biologia molecular e evolução dos filovírus". " Arquivos de virologia. Supplementum 7: 81-100.*
5. *Grunberg, S. M. (1985). "Direcções futuras na quimioterapia da cabeça e pescoço cancro". Revista americana de oncologia clínica. 8 (1): 51-54. PMID 2581435.*
6. *Kuhn, JensH .; Becker, Stephan; Ebihara, Hideki; Geisbert, Thomas W.; Johnson, KarlM .; Kawaoka, Yoshihiro; Lipkin, W. Ian; Negredo, AnaI . 2010. Proposta de revisão da taxonomia da família Filoviridae:*

   Classificação, nomes de taxa e vírus e abreviaturas de vírus. Arquivos de Virologia. 155(12): 2083-103.
7. *Mike Bray, MD, MPH e Daniel S Chertow, MD, MPH. 2016. Epidemiologia e patogénese da doença do vírus Ébola.*
8. *Strauss J.H., Strauss E.G., (2008). "Doenças Virais Emergentes e Reemergentes". Viruses and Human Disease (2nd Edition).*

Capítulo 3

O genoma do vírus Ébola

Recentemente, a "questão do Ébola" tornou-se uma grande preocupação devido à questão da medicação da DVE e também à complexa constituição genética do vírus do Ébola. Foram sequenciados quase 99 genomas do vírus Ébola, sendo que cerca de 300 diferenças entre os genomas do vírus foram responsáveis pelo surto anterior. Atualmente, o EBOV é portador de um genoma de ARN linear, de cadeia simples e sentido negativo (possui 18 959 a 118 961 nucleótidos de comprimento e 4,2x106 Da de peso) com outros componentes, como o invólucro viral, a matriz e o nucleocapsídeo nos viriões. Sendo polimórfico, o virião revela formas em U, 6, Shepherd's crook, 9, Eye bolt, Coiled ou outras formas após purificação e visualização através de microscópio eletrónico. Toda a forma cilíndrica retém aproximadamente 80 nm (por vezes pode ter 800 nm a 1000 nm) de diâmetro [3]. O nucleocapsídeo é composto por uma série de proteínas virais ligadas a um ARN linear de 18-19 kb, de sentido negativo, sem 3'-poliadenilação ou 5'-capping e o ARN é enrolado helicoidalmente e complexado com as proteínas NP, VP35, VP30 e L. Esta hélice tem um diâmetro de 80 nm e contém um canal central de 20-30 nm de diâmetro. O genoma do vírus Ébola é transcrito em 8 proteínas de ARNm sub-genómicas, sete das quais são consideradas proteínas estruturais e uma é uma proteína não estrutural, nomeadamente a sGP ou pequena glicoproteína cuja função é desconhecida [2]. As proteínas estruturais são [1]- **Nucleoproteína (NP)** - está associada à transcrição e à replicação.

Glicoproteína (GP) - projecta picos de 7-10 nm de comprimento a partir da sua superfície revestida de lípidos. As moléculas individuais de GP aparecem com um espaço de cerca de 10 nm. Está associada ao desenvolvimento da membrana. A glicoproteína secretora liga-se a anticorpos e contém uma possível atividade anti-neutrófilo.

RNA polimerase RNA dependente (proteína L) - é **associada à transcrição e replicação.**

Virionproteínas (VP35, VP40, VP30 e VP24) - estas proteínas estão associados à membrana. VP35 e VP40 actuam como polimerase cofator, enquanto VP30 e VP24 actuam como activadores da transcrição. As proteínas virais VP40 e VP24 estão localizadas no espaço da matriz entre o envelope e o nucleocapsídeo.

Referências

1. *Feldmann, H. K. (1993). "Biologia molecular e evolução dos filovírus". " Arquivos de virologia. Supplementum 7: 81-100.*
2. *Gubbay J, Garber G, Whelan M et al. (2014). Doença do vírus Ebola, PHO Grand Rounds. Recebido em 2 de setembro de 2017.*
3. *Klenk, H-D; Feldmann, H. 2004. Ebolaand MarburgViruses : Molecularand Biologia celular. Horizon Bioscience.ISBN978-1-904933-49-6.*

Capítulo 4

A Via de Replicação do Vírus Ébola

O Ébola utiliza uma combinação de enzimas codificadas pelo hospedeiro e pelo vírus, juntamente com estruturas da célula hospedeira, para produzir múltiplas cópias das mesmas (Biomarker Database, 2009). 472 nucleótidos na extremidade 3' e 731 nucleótidos na extremidade 5' são suficientes para a replicação de um minigenoma viral [1]. O vírus Ébola liga-se aos receptores de superfície do hospedeiro através da glicoproteína peplomer. Em seguida, é submetido a um mecanismo celular designado endocitose nas células hospedeiras [2]. A membrana da vesícula funde-se com a membrana viral, causando a penetração celular e a libertação do nucleocapsídeo viral no citoplasma da célula hospedeira. O ssRNA genómico de sentido negativo encapsulado é utilizado como modelo para a síntese (3'-5') de mRNAs monocistrónicos poliadenilados e, utilizando os ribossomas da célula hospedeira, moléculas de tRNA, etc., o mRNA é traduzido em proteínas virais individuais. Utilizando o ARN genómico de sentido negativo como modelo, é sintetizado um ARN-s complementar (+), que é utilizado como modelo para a síntese de um novo ARN-s genómico (-) rapidamente encapsulado. As enzimas celulares e os substratos são altamente utilizados para efetuar a glicosilação de um precursor vital da glicoproteína GP0 (é clivado em GP1 e GP2).

A célula infetada liberta tanto a glicoproteína segregada como o péptido delta sintetizado geralmente a partir do precursor da glicoproteína clivada. Por fim, as proteínas do nucleocapsídeo e as proteínas do invólucro sofrem uma desintegração e são libertados novos viriões através da destruição da membrana celular (Fig. 5).

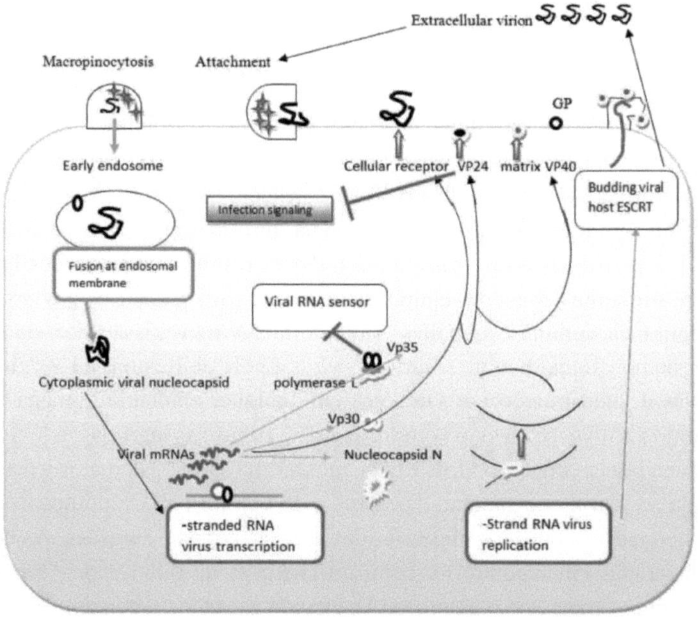

Fig.5: Mecanismo de replicação do genoma do vírus Ébola

Referências

1. *Klenk H-D; Feldmann H (2004). Vírus Ébola e Marburgo: Molecular and Biologia celular. Horizon Bioscience. ISBN978-1-904933-49-6.*

2. *Saeed MF; Kolokoltsov AA; Albrecht T; Davey RA 2010. Basler, Christopher F., ed. A entrada celular do vírus Ébola envolve a captação por uma via semelhante à macropinocitose Mecanismo e subsequente tráfego através dos endossomas iniciais e tardios. PLoS Patogénicos. 6(9): e1001110.*

Capítulo 5

Fontes de risco de infeção

O vírus ébola surge no corpo humano através do contacto próximo com o sangue que contém o vírus ébola, fluidos corporais e secreções de animais infectados, tais como chimpanzés, gorilas, morcegos frugívoros, macacos, porcos-espinhos, antílopes da floresta, etc., encontrados doentes ou mortos ou na floresta tropical, causando a doença do vírus ébola [1]. A doença do vírus Ébola também resultou de infecções laboratoriais acidentais. Assim, uma cabina de segurança altamente sofisticada é o precursor para manter a segurança durante o trabalho laboratorial. A transmissão por via aérea entre macacos foi demonstrada durante o surto do vírus Ébola de Reston, na Virgínia, mas há poucas provas de transmissão por via aérea em qualquer epidemia humana. Os fluidos corporais como a saliva, o muco, o vómito, as fezes, o suor, as lágrimas, o leite materno, a urina e o sémen podem conter o vírus Ébola após a infeção [8]. Na maioria das pessoas, o vírus propaga-se através do sangue, das fezes e do vómito [3]. Os pontos de entrada do vírus incluem o nariz, a boca, os olhos, feridas abertas, cortes e abrasões. As gotículas do vírus Ébola geradas em laboratório, com um tamanho de 0,8-1,2 pm, são respiráveis porque as gotículas grandes espalham-se [7]. Devido a esta via potencial de infeção, estes vírus foram classificados como armas biológicas de categoria A [2]. Os homens que recuperaram da doença podem ainda transmitir o vírus através do seu sémen durante um período de até 7 semanas após a recuperação da doença. As infecções nosocomiais têm sido frequentes em África. O potencial epidémico pode propagar-se de pessoa para pessoa, na maioria das vezes durante a prestação de cuidados aos doentes, o que exige o reforço de medidas rigorosas de controlo das infecções durante a gestão dos casos. Todas as idades e géneros são susceptíveis à infeção pelo vírus Ébola. A gravidade da doença nos seres humanos varia muito, desde uma fatalidade rápida até uma doença ligeira ou mesmo uma reação assintomática [5]. A proteína Niemann-Pick C1 (NPC1) é uma proteína transportadora de colesterol e o principal recetor para a ligação do vírus Ébola-GP e a entrada dos viriões Ébola na célula hospedeira para replicação [4]. Foi demonstrado que a TIM-1 (T-cell Ig and Mucin Domain 1) se liga ao domínio de ligação ao recetor da glicoproteína do EBOV para aumentar a recetividade das células Vero. O silenciamento do seu efeito com siRNA impediu a infeção das células Vero. Um anticorpo monoclonal contra o domínio IgV do TIM-1 bloqueou a ligação e a infeção pelo EBOV [6]. As células e os tecidos com elevada expressão de NPC1 e TIM-1 podem ser os principais locais de infeção viral e locais de disseminação significativa de progenitores virais maduros e infecciosos. Isto inclui não só as células apresentadoras de antigénios e os macrófagos das vias respiratórias e da pele, mas também os tecidos com níveis elevados de expressão de TIM-1, que se sabe serem seriamente afectados pela lise do EBOV. É possível que isto possa ser um fator nos eventos de transmissão do vírus de pessoa para pessoa e na transmissão de doentes infectados para profissionais de saúde [4,6].

Referências

1. *Lisa E. Hensley, Howard A. Young, Peter B.Jahrling, Thomas W.Geisbert. 2002. Resposta pró-inflamatória durante a infeção pelo vírus Ébola em modelos de primatas: possível envolvimento da superfamília de receptores do fator de necrose tumoral. Immunology Letters, Volume 80, Número 3, Páginas 169-179.*
2. *Leffel EK, Reed DS. 2004. Os vírus Marburg e Ébola como ameaças aerossóis. Biosecurity e bioterrorismo: estratégia, prática e ciência da biodefesa 2 (3): 186-191.*
3. *Donald G. McNeil Jr. (2014). Pergunte bem: Como é que o Ébola se propaga? Quanto tempo o vírus pode sobreviver? O jornal New York Times. Recuperado em 24 de outubro de 2014.*
4. *Carette JE, Raaben M, Wong AC. 2011. A entrada do vírus Ébola requer o transportador de colesterol Niemann-Pick C1. Natureza 477: 340-343.*
5. *Gina Kolata. 2014. Os genes influenciam a forma como os ratos reagem ao E1bola, diz o estudo em avanço significativo '. New York Times. Recuperado em 30 de outubro de 2014.*
6. *Kondratowicz AS, Lennemann NJ, Sinn PL. 2011. Imunoglobulina de células T e mucina 1 (TIM-1) é um recetor para o vírus Ebolavírus do Zaire e para o vírus Marburg do Lago Vitória. Proc Nat AcadSci USA. 108:8426-8431.*
7. *Johnson E, Jaax N, White J, Jahrling P. 1995. Infecções experimentais letais de macacos rhesus pelo vírus Ébola em aerossol. International journal of experimental pathology 76 (4): 227-236.*
8. *Daniel G. Bausch, Jonathan S. Towner, Scott F. Dowell, Felix Kaducu, Matthew Lukwiya, Anthony Sanchez, Stuart T. Nichol, Thomas G. Ksiazek e Pierre E. Rollin, 2007. Assessment of the Risk of Ebola Virus Transmission from Bodily Fluids and Fomites (Avaliação do Risco de Transmissão do Vírus Ébola a partir de Fluidos Corporais e Fómites). J Infect Dis. (2007) 196 (Suplemento 2): S142-S147. doi: 10.1086/520545*

Capítulo 6

Mecanismo de infeção do vírus Ébola

As células endoteliais (células que revestem o interior dos vasos sanguíneos), as células do fígado e vários tipos de células imunitárias, como os macrófagos, os monócitos e as células dendríticas, são os principais alvos da infeção. Após a infeção com o vírus, as células imunitárias transportam o vírus para os gânglios linfáticos próximos, onde se dá a reprodução do vírus. A partir daí, o vírus pode entrar na corrente sanguínea e no sistema linfático e espalhar-se por todo o corpo [1]. Os macrófagos são o primeiro alvo a ser infetado pelo vírus Ébola e, assim, surge a morte celular programada [2]. O crescimento contínuo da síntese de glicoproteínas do vírus Ébola e a degradação consistente das células endoteliais conduzem a lesões nos vasos sanguíneos. A maior preocupação para o doente com Ébola é a coagulação inadequada e os danos no fígado. A hemorragia generalizada que ocorre nas pessoas afectadas causa inchaço e choque devido à perda de volume de sangue [3]. A disfunção na hemorragia e na coagulação comummente observada na DVE tem sido atribuída ao aumento da ativação da via extrínseca da cascata de coagulação devido à produção excessiva de fator tecidular por macrófagos e monócitos [4]. A sGP forma uma proteína dimérica que interfere com a sinalização dos neutrófilos, outro tipo de glóbulo branco, o que permite ao vírus escapar ao sistema imunitário através da inibição das fases iniciais da ativação dos neutrófilos. A presença de partículas virais e os danos celulares resultantes da saída dos vírus da célula provocam a libertação de sinais químicos (como o TNF-a, a IL-6 e a IL-8), que são sinais moleculares de febre e inflamação [5,6]. O vírus Ébola pode interferir com a nossa imunidade inata e com a capacidade celular de gerar proteínas de interferão [7,8].

As proteínas estruturais VP24 e VP35 do EBOV desempenham um papel fundamental nesta interferência. Perturbando o nosso sistema de sinalização celular, suprimindo a imunidade e sintetizando moléculas desnecessárias, o EBOV espalha-se pelo corpo muito rapidamente. Foi observada uma elevação acentuada dos níveis de interferão (IFN)-Y (>100 pg/mL) em amostras de soro sequenciais de todos os casos fatais de EHF em comparação com os doentes que recuperaram ou com os controlos.

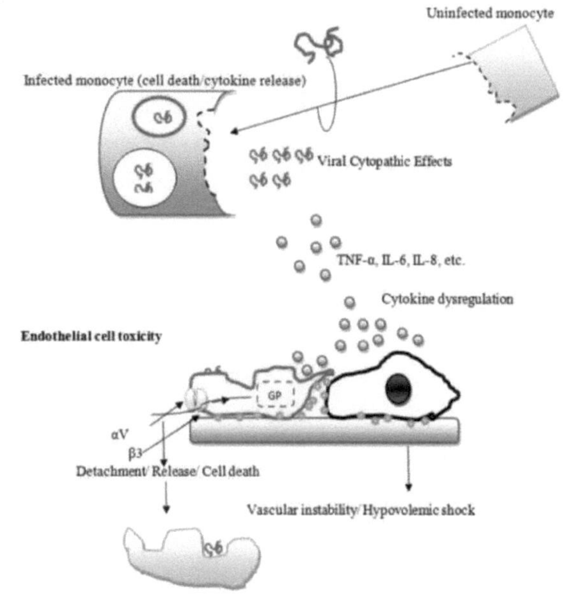

Fig.6: Mecanismo molecular da infeção pelo vírus Ébola

Níveis séricos marcadamente elevados de interleucina (IL)-2, IL-10, fator de necrose tumoral (TNF)-a e IFN-a também foram observados em casos fatais de EHF; no entanto, apresentaram um maior grau de variabilidade. Não foram registadas diferenças nos níveis séricos de IL-4 e IL-6 [10]. As infecções pelo vírus Ébola (EBOV) para a EHF são caracterizadas por uma desregulação das respostas imunitárias normais do hospedeiro. Estudos recentes em primatas não humanos permitiram compreender o mecanismo, demonstrando que o EBOV infecta células do sistema fagocitário mononuclear (MPS), resultando na apoptose de linfócitos espectadores [9]. Os pequenos vasos capilares são o principal alvo da infeção pelo vírus Ébola. O vírus fixa-se às paredes e provoca a fuga de sangue e soro para o tecido circundante. Quando os glóbulos brancos atacam o vírus, são dissolvidos e libertam uma substância química na corrente sanguínea que sinaliza a libertação de outras substâncias químicas (citocinas pró-inflamatórias, pró-coagulantes e anticoagulantes).

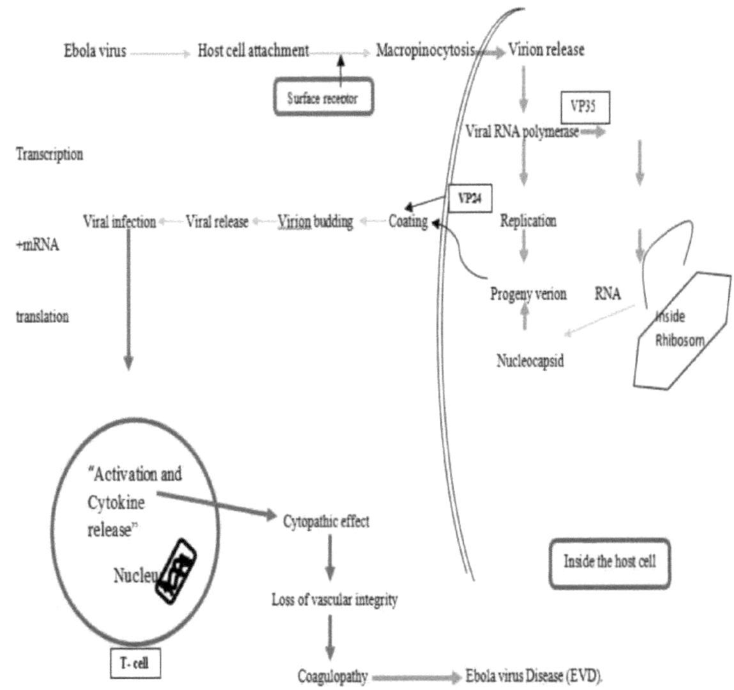

Fig.7: As fases da infeção pelo vírus Ébola e da formação da doença.

Os vasos sanguíneos lesionados resultam em hemorragias permanentes. Eventualmente, todo o corpo sofre uma hemorragia durante a infeção pelo vírus Ébola [11].

Referências

1. *FunkDJ, Kumar A. 2014. Ebolavirusdisease : anupdate foranesthesiologistsand intensivistas. Can JAnaesth. 62(1): 80-91.*
2. *Chippaux JP. 2014. Surtos de doença por Ebolavírus em África: o início de uma tragicsaga. J Venom Anim Toxins Incl Trop Dis. 20 (1):44.*
3. *Smith,Tara. 2005. Ebola (DeadlyDiseasesand Epidemics).Chelsea House Publications.ISBN 0-7910-8505-8.*
4. *Goeijenbier M., van Kampen J.J.A,.Reusken C.B.EM, Koopmans M.P.G van Gorp E.C.M (2014). "Doença do vírus Ebola: uma revisão sobre epidemiologia, sintomas, tratamento e patogênese". Holanda O Jornal de Medicina. novembro de 2014, VOL. 72, No. 9.*
5. *Kühl A, Pohlmann S. 2012. Como o Ebolavírus contraria o sistema de interferão.*

Zoonoses PublicHealth59 (Suplemento 2): 116-31.

6. *Misasi J, Sullivan NJ (2014). Camuflagem e desorientação: O ataque completo da doença do vírus Ebola. Cell. 159(3): 477-86.*
7. *Olejnik J, Ryabchikova E, Corley RB, Mühlberger E. 2011. Eventos intracelulares e cellfate em filovirusinfection. Viruses. 3(8): 1501-31.*
8. *Ramanan P, Shabman RS, Brown CS, Amarasinghe GK, Basler CF, Leung DW. 2011. Mecanismos de evasão imunitária dos filovirais. Viruses. 3(9): 1634-49.*
9. *Lisa E. Hensley, Howard A. Young, Peter B.Jahrling, Thomas W.Geisbert. 2002. Resposta pró-inflamatória durante a infeção pelo vírus Ébola em modelos de primatas: possível envolvimento da superfamília de receptores do fator de necrose tumoral. Immunology Letters, Volume 80, Número 3, Páginas 169-179.*
10. *François Villinger, Pierre E. Rollin, Sukhdev S. Brar, Nathaniel F. Chikkala, Jorn inverno, J. Bruce Sundstrom, Sherif R. Zaki, Robert Swanepoel, Aftab A. Ansari eClarence J. Peters. 1999. Níveis Marcadamente Elevados de Interferão (IFN)-y, IFN-a, Interleucina (IL)-2, IL-10 e Fator de Necrose Tumoral-a Associados à Infeção Fatal pelo Vírus Ébola. Sociedade de Doenças Infecciosas da América. Reimpressões ou correspondência: Dr. F. Villinger, Winship Cancer Center, Emory University, 1327 Clifton Rd., Atlanta GA 30322.*
11. *Murphy, Frederick A. 2002. EbolaVirus . Russl, Belrett. Informação sobre o Ébola. 3/19/04. http: www.brettrussell.com personal ebola.html*

Capítulo 7

Motivos especiais de infeção

Mecânica do circuito do Ébola VP40

Uma vez dentro de uma célula hospedeira, o vírus Ébola interage com a membrana plasmática (MP) para facilitar o brotamento viral, como parte do processo infecioso. Sem esta interação, a transcrição viral e a eventual replicação nos tecidos do hospedeiro não são possíveis. Os investigadores estabeleceram que a proteína viral VP40, uma das sete codificadas pelo genoma de ARN de sentido negativo do vírus, desempenha um papel fundamental neste processo; no entanto, os mecanismos são ainda desconhecidos.

Adu-Gyamfi et al. (2014) procuraram caraterizar os domínios de ligação da VP40 envolvidos nesta etapa essencial do ciclo de vida do vírus Ébola.[1] A equipa de investigação criou sequências mutantes numa região de laço perto do terminal N da VP40 implicada no processo; a região de laço é altamente conservada entre estirpes de vírus isoladas associadas a surtos recentes. Através deste método, a equipa identificou as regiões importantes para a interação PM e a translocação do nucleocapsídeo viral.

Em primeiro lugar, os investigadores criaram construções mutantes, que fusionaram com EGFP (proteína fluorescente verde melhorada) antes de transfectarem duas culturas celulares diferentes, HEK293 (derivada de rim embrionário humano) e CHO-K1 (de células de ovário de hamster chinês). Em seguida, os cientistas examinaram as culturas de células para verificar a localização do VP40 no interior da célula e a presença de oligomerização, que é necessária para a sua funcionalidade.

Utilizando microscopia de fluorescência para visualizar as etiquetas EGFP, Adu-Gyamfi et al. verificaram que, em comparação com as construções de tipo selvagem, os mutantes que afectam os resíduos Lys^{127} , Thr^{129} e Asn^{130} apresentavam uma associação reduzida com a MP e localizavam-se predominantemente no citoplasma. Além disso, em associação com a interação reduzida com a MP, também observaram níveis mais baixos de co-associação de VP40 na formação de oligómeros. Os investigadores mediram este facto utilizando a microscopia de fluorescência de reflexão interna total (TIRF) com contagem de números e brilho. Como cada construção VP40 continha uma etiqueta de fusão EGFP, a equipa de investigação pôde avaliar o grau de associação entre os monómeros VP40 como um fator do brilho padrão de um único monómero.

O estudo também explorou uma caraterística única do vírus Ébola VP40: a proteína pode estimular a libertação de partículas semelhantes a vírus (VLPs) não infecciosas das células hospedeiras na ausência de outros constituintes do vírus. Para investigar este aspeto, os investigadores colheram meios condicionados e lisados celulares de cada cultura após a transfecção. Examinaram as amostras utilizando eletroforese em gel de poliacrilamida com dodecil sulfato de sódio (SDS-PAGE) para separar as proteínas antes de avaliar a abundância de EGFP através de imunotransferência. As células transfectadas com construções específicas de VP40 mutantes libertaram menos VLPs para o meio e mostraram uma maior abundância de VP40 nos lisados, em comparação com as que expressam a proteína viral de tipo selvagem.

Em resumo, Adu-Gyamfi e colaboradores identificaram resíduos na região da ansa do terminal N da VP40, Lys^{127}, Thr^{129} e Asn^{130} - essenciais para a oligomerização da VP40, libertação de VLP e localização na MP. Os investigadores referem que, embora não tenham caracterizado as interacções directas proteína-proteína ou proteína-lípido, mostraram onde estes eventos ocorrem na estrutura da proteína VP40. Outros estudos podem desenvolver estas descobertas e estabelecer os mecanismos subjacentes a este passo importante na infecciosidade viral [1,2].

Genética inversa

O processamento proteolítico da glicoproteína do vírus Ébola não é essencial para a replicação em cultura de células, o que constitui uma demonstração fundamental para a genética inversa. A falta de estratégias eficazes para a mutagénese experimental dificulta a identificação dos principais determinantes da patogenicidade do vírus Ébola. Um sistema de genética inversa permite a geração de vírus Ébola a partir de cDNA clonado para criar um vírus Ébola mutante com um motivo de reconhecimento de furina alterado na glicoproteína (GP). A GP do vírus de tipo selvagem foi clivada em GP1 e GP2, enquanto expressa em células. A geração de um vírus Ébola mutante viável sem um motivo de reconhecimento da furina no local de clivagem da GP revela que, para a replicação do vírus Ébola em cultura celular, a clivagem da GP não é essencial, embora se pensasse que a clivagem pós-tradução da GP mediada pela furina era um passo essencial na infeção pelo vírus Ébola [5].

Patogénese mediada por glicoproteínas

O alvo principal do filovírus parece ser o sistema fagocítico mononuclear. Para incluir células endoteliais, fibroblastos, hepatócitos e muitas outras células, as células alvo aumentam durante a propagação viral através do organismo. A glicoproteína do filovírus apresenta um papel imperativo no tropismo celular, na propagação da infeção e na patogenicidade. Durante a biossíntese da glicoproteína, esta forma picos na superfície do virião e é clivada pela furina, a protease da célula hospedeira, em duas subunidades GP1 e GP2 ligadas por dissulfureto. As variações na capacidade de clivagem da glicoproteína dependem das diferentes estirpes do vírus Ébola, mostrando diferenças na patogenicidade, o que foi observado com os vírus da gripe e os paramixovírus. A expressão da glicoproteína Spike do vírus Ébola requer edição transcricional, enquanto o ARNm da GP não editado produz a glicoproteína não estrutural sGP das células infectadas. Ambas as glicoproteínas GP1 e sGP interferem com a resposta imunitária humoral e outros mecanismos de defesa [3].

Conversão da glicoproteína numa forma ativa de fusão

Vários trabalhos de investigação elucidaram o mecanismo de conversão da GP do vírus Ébola numa forma ativa de fusão. Foi demonstrado que a infecciosidade do vírus Ébola depende da clivagem do GP pelas proteases endossómicas celulares, catepsina B e L, abrindo assim novas opções de abordagens terapêuticas. Uma abordagem de vacina promissora é a vacinação de macacos com vírus da estomatite vesicular recombinante que exprime a glicoproteína de superfície GP do vírus Ébola ou do vírus de Marburgo [4].

Referências

1. *Adu-Gyamfi, E., et al. (2014, outubro) "A loop region in the N-terminal domain of Ebola virus VP40 is important in viral assembly, budding, and egress," Viruses, 6 (pp. 3837-54), doi: 10.3390/v6103837.*
2. *Amanda Maxwell (2015). "Mecânica da região do loop VP40 do Ebola vital para a replicação viral" / https://www.thermofisher.com/blog/proteomics/ebola-vp40-loop-region-mechanics-vital-for-viral-replication/*
3. *Feldmann H, Volchkov VE, Volchkova VA, Klenk HD (1999). As glicoproteinas dos vírus Marburg e Ébola e o seu papel potencial na patogénese. Arch Virol Suppl. 1999; 15:159-69.*
4. *Alazard-Dany N, Ottmann Terrangle M, Volchkov V. (2006). "Vírus Ébola e Marburgo: os humanos contra-atacam". MedSci (Paris). 2006Apr; 22(4):405-10.*
5. *Gabriele Neumann, Heinz Feldmann, Shinji Watanabe, Igor Lukashevich e Yoshihiro Kawaoka (2002). "A genética reversa demonstra que o processamento proteolítico da glicoproteína do vírus Ebola não é essencial para a replicação em cultura de células. " J Virol. 2002 Jan; 76(1): 406-410. doi: 10.1128/JVI. 76.1.406-410.2002*

Capítulo 8

As consequências da infeção

Se os doentes não recuperarem precocemente, há uma grande probabilidade de a doença progredir para a segunda fase, resultando em complicações que acabam por conduzir à morte [9]. Os doentes que evoluem para a segunda fase da EHF morrem quase sempre [1]. A síndrome de disfunção de múltiplos órgãos (SDMO) é a consequência de uma inflamação vascular sistémica grave e contínua, com aumento generalizado da permeabilidade capilar, extravasamento capilar e edema [2]. Na SDMO, a disfunção orgânica é precipitada por alterações capilares na permeabilidade, fluxo sanguíneo e desenvolvimento de estase micro-vascular e trombos micro [3]. Por conseguinte, a terapêutica limita-se a manter uma perfusão e oxigenação adequadas dos tecidos. A probabilidade de sobrevivência diminui à medida que aumenta o número de diferentes órgãos envolvidos, e a taxa de mortalidade do MODS pouco se alterou desde o seu reconhecimento na década de 1980 [4]. Juntamente com a temperatura corporal elevada, as queixas iniciais incluem náuseas, vómitos, diarreia e perda de apetite [6,7]. A morte devido à MODS ocorre normalmente entre sete a 16 dias (geralmente entre os dias oito e nove) após os primeiros sintomas, se as pessoas infectadas não recuperarem. A fraqueza dos músculos esqueléticos é um sintoma muito comum na infeção pelo vírus Ébola [5].

Resultados da infeção pelo vírus Ébola em várias células imunitárias

Cells / Molecules	Consequences when infected by Ebola
Dendritic cells (normally display signals of an infection on their surfaces to activate T lymphocytes)	Weakening to give the right signal thus T cells don't respond to infection, and also the antibodies that don't show activity because it depends on right signals. The virus can start replicating immediately and very quickly.

Interferons (cells use these molecule to hinder viral infection)	Ebola's protein, called VP24, attaches to and blocks a transport protein on the surface of immune cells that plays an imperative role in the interferon pathway.
Lymphocytes (basically these cells don't become infected with the virus)	Lack of stimulation from some cells and toxic signals from others—hinder these primary immune cells from putting up a fight.

Hemorragia

Geralmente, no sangue, quando o vírus se desloca para novos locais, os macrófagos (células imunitárias) devoram-no. Quando a infeção ocorre, os vírus libertam proteínas que forçam a coagulação, formando assim pequenos coágulos ao longo dos vasos sanguíneos para diminuir o fornecimento de sangue aos órgãos. Além disso, a produção de outras proteínas de sinalização inflamatória e de óxido nítrico por estes danifica o revestimento dos vasos sanguíneos, provocando a sua fuga. Nem todos os doentes apresentam hemorragia externa - sangramento dos olhos, nariz ou outros orifícios - embora esta lesão seja um dos principais sintomas de infeção.

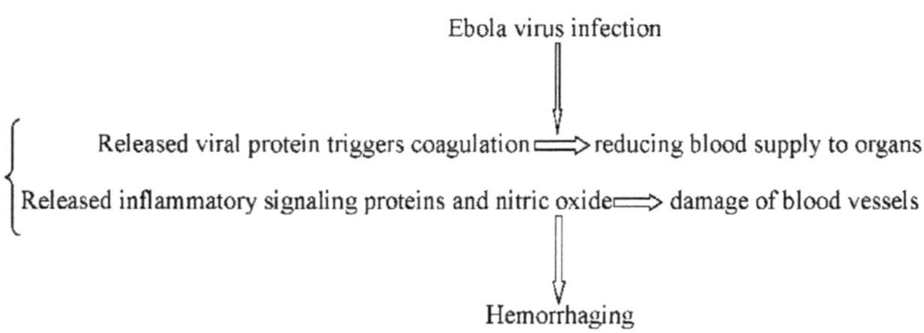

Direcionar para determinados órgãos

O ébola não só provoca uma inflamação e febre em todo o sistema, como também danifica vários tipos de tecidos do corpo. Para o efeito, as células imunitárias, como os macrófagos, são levadas a libertar moléculas inflamatórias ou a destruir diretamente as células e a consumi-las. No entanto, as consequências são especialmente intensas no fígado, onde o Ébola destrói as células que produzem proteínas de coagulação e outros componentes essenciais do plasma. No trato gastrointestinal, as células danificadas provocam diarreia que, frequentemente, coloca os doentes em risco de desidratação. Na glândula suprarrenal, o vírus paralisa as células que produzem esteróides para regular a pressão sanguínea e provoca uma insuficiência circulatória que ajuda a privar os órgãos de oxigénio.

Consequências finais dos doentes com Ébola

Como os danos nos vasos sanguíneos levam a uma queda da pressão arterial, os doentes morrem de choque e de falência múltipla dos órgãos. Mas algumas pessoas sobrevivem em caso de infeção devido a melhores cuidados de apoio [8].

Referências

1. *Ndambiet al. 1999. TheSlideonHemorrhagicFever, Clinical Observations, Stage II: Sintomas específicos.*
2. *Johnson D, Mayers I. 2001. Síndrome de disfunção de múltiplos órgãos; uma revisão narrativa. Can J Anaesth. 48:502-509.*
3. *Steven J. Hatfill, M.D., M.Sc., M.Med. Trevor Nordin, Geoffrey L. Shapiro. 2014. Doença do vírus Ébola. Journal of American Physicians andSurgeons Volume 19, Número 4.*
4. *IrwinRS, LillyCM, RippeJM. 2013. Manualof IntensiveCare Medicine. Filadélfia, Pa. : Wolters Kluwer Health/Lippincott Williams & Wilkins.*
5. *Wendo C. Caring for the survivors of Uganda's Ebola epidemic one year on. Lancet. 2001;358:1350.*
6. *OMS (2014). Orientações laboratoriais para o diagnóstico da doença do vírus Ébola: recomendações provisórias. www.who.int/*
7. *OMS (2014) "Declaração sobre a consulta da OMS sobre potenciais terapias e vacinas contra o Ébola". Recuperado em 1 de outubro de 2014.*
8. *Servik K. (2014). Escritor de Ciência, O que é que o Ébola realmente faz?; 13 de agosto de 2014, 15:00, Link- http//www.sciencemag.org/news/2014/08/*
9. *Mupapa K, Massamba M, Kibadi K. 1999. Tratamento da febre hemorrágica do Ébola com transfusões de sangue de pacientes convalescentes. J Infect-Dis. 179(suppl 1):S18-23.*

Capítulo 9

Rastreio do vírus Ébola

PCR em tempo real (RT-PCR)

O principal teste de confirmação da infeção pelo vírus Ébola é um RT-PCR do Ébola positivo (OMS, 2014). Este teste deve ser pedido em todos os doentes com suspeita de infeção por Ébola enquanto o doente está isolado. Os resultados do RT-PCR estão disponíveis 24-48 horas antes dos resultados do teste de ensaio de imunoabsorção enzimática (ELISA). Em contextos ocidentais, a RT-PCR do Ébola pode estar disponível apenas em laboratórios de referência regionais ou nacionais que tenham um elevado nível de precauções de biossegurança (instalações de categoria 4) [1]. Os laboratórios de categoria 4 são promissores quando a RT-PCR está disponível e pode ser utilizada para efetuar o rastreio logo após a chegada das amostras. O ARN viral pode ser detectado no sangue do doente por RT-PCR entre os dias 6 e 17 de sintomas. Um resultado positivo implica que o doente é potencialmente infecioso, particularmente se houver diarreia ativa, vómitos ou hemorragia. Se for negativo, o teste deve ser repetido dentro de 48 horas porque a carga viral pode ser baixa e indetetável no início da doença. Os testes negativos também devem ser repetidos para excluir o diagnóstico (ou confirmar a resolução da infeção) se houver uma forte suspeita de Ébola [2,3]. Uma carga viral mais elevada está correlacionada com um resultado adverso [4,5,6,7,8]. A decisão de testar o Ébola depende dos antecedentes do doente e do risco de infeção.

Ensaio de imunoabsorção enzimática (ELISA)

Um teste de diagnóstico útil com elevada eficácia, embora não esteja universalmente disponível. É mais provável que dê um resultado positivo nos dias 3-6 dos sintomas e pode dar resultados muito variáveis nos dias 7-16. Esta técnica pode ser utilizada para confirmar o diagnóstico juntamente com um resultado positivo da reação em cadeia da polimerase com transcriptase reversa [9].

Hemograma completo

A diminuição da contagem de plaquetas com linfopenia acentuada pode ser observada nas fases iniciais da infeção, mas não é diagnóstica. A isto segue-se frequentemente uma leucocitose de neutrófilos nas fases mais avançadas em doentes que acabam por recuperar, juntamente com a normalização da trombocitopenia. A leucocitose pode persistir e apresentar formas imaturas. Os doentes com doença grave podem apresentar uma diminuição progressiva da contagem de plaquetas como manifestação de coagulação intravascular disseminada (CID). A hemoglobina pode ser baixa em doentes com manifestações hemorrágicas. A diminuição da contagem de plaquetas com linfopenia acentuada pode ser observada nas fases iniciais da infeção, mas não é diagnóstica. A isto segue-se frequentemente uma leucocitose de neutrófilos nas fases mais avançadas em doentes que acabam por recuperar, juntamente com a normalização da trombocitopenia. A leucocitose pode persistir e apresentar formas imaturas [10].

Estado de coagulação da vítima

O prolongamento do tempo de protrombina ou do tempo de tromboplastina parcial activada está associado a uma infeção mais grave e a manifestações hemorrágicas como a DIC. Os valores de D-dímero são quatro vezes mais elevados nos dias 6-8 da infeção nos doentes que morrem do que nos que sobrevivem [13]. As condições da função renal e dos electrólitos séricos deterioram-se com o passar do tempo. A creatinina ou a ureia séricas elevadas e os electrólitos anormais podem indicar uma lesão renal aguda que pode ser observada no final da primeira semana de infeção [12]. Alguns estudos encontraram hipocalemia (associada a vómitos e diarreia) em cerca de metade dos casos. A hematúria e a proteinúria também são encontradas em condições graves, juntamente com outras complicações biomoleculares. A oligúria que não responde à ressuscitação com fluidos é um sinal de mau prognóstico [10].

Gases no sangue arterial

O lactato, pH e bicarbonato no sangue arterial ou venoso podem ajudar a identificar o grau de hipoperfusão sistémica e orientar a ressuscitação com fluidos em doentes agudos com sinais de sépsis [11]. O aumento do lactato é um marcador de hipoperfusão tecidual e é um indicador de choque.

Testes de função hepática

A ALT (alanina aminotransferase) e a AST (aspartato aminotransferase) estão geralmente elevadas; a maioria dos estudos mostra que a AST aumenta mais do que a ALT, o que é mais sugestivo de lesão sistémica dos tecidos do que de lesão hepatocelular. O rácio AST: ALT atingiu um pico de 15:1 nos dias 6-8 da infeção em casos fatais, em comparação com dias 5:1 em casos não fatais [10,13]. A bilirrubina, a y-glutamil transferase e a fosfatase alcalina estão frequentemente ligeiramente aumentadas. A ALT prolongada e a iterícia grave sugerem um diagnóstico alternativo (como a hepatite viral).

Amilase sérica

O aumento da concentração de amilase sérica significa a presença de pancreatite em muitos graus, o que é claramente um indicador de infeção grave [10] do vírus Ébola.

Culturas de sangue

As hemoculturas negativas são úteis porque excluem outras causas infecciosas não virais (como a sépsis ou a febre entérica).

Anticorpos IgM e IgG específicos do Ébola

A deteção de IgM (imunoglobulina M) deve ser frutuosa nas fases mais avançadas da infeção. Os anticorpos IgM podem aparecer no soro logo no dia 2 após a infeção, mas os resultados são variáveis até ao dia 9. Estes tornam-se negativos entre 30 e 168 dias após o início dos sintomas. Uma resposta IgG desenvolve-se entre os dias 6 e 18 para o doente e pode persistir durante vários anos. Um título IgM positivo e/ou um título IgG crescente constituem uma forte evidência da infeção pelo vírus Ébola [9].

Radiografia do tórax

O procedimento de rastreio é muito útil para os doentes com sintomas respiratórios. Os infiltrados pulmonares não são típicos de infeção. Este tipo de rastreio seria difícil de organizar na quarentena e na manutenção da contaminação [14].

Rastreio mediado por nanotecnologia

O sistema de diagnóstico avançado refere-se a meios nanotecnológicos, especificamente para as infecções virais, em que as nanopartículas de cristal como a cerâmica, o quartzo, o gálio, o fosfato, a prata, as nanoesferas de silício e o ouro são muito promissoras. Na tentativa de analisar os microrganismos patogénicos causadores e os seus produtos codificados, bem como os subprodutos, a nanotecnologia lida com nanoarranjos, arranjos de proteínas, partículas biocompatíveis (reduzidas à nanoescala) e potencialidades de bio-sensores como parte das ferramentas da nanobiotecnologia [15,16]. Além da triagem celular, a extração de ácidos nucleicos, a purificação e a deteção de agentes patogénicos são acessíveis graças à aplicação de nanopartículas de óxido de ferro supermagnéticas (SPIO) [17]; nanotubos de carbono e nanoporos (pequenos tubos ou poros eletricamente isolados que podem detetar uma única molécula quando esta passa através do tubo ou poro, o que ajuda a efetuar medições múltiplas numa única molécula, aumentando a capacidade de dimensionamento das moléculas de ADN); canais ou fios à nanoescala (ajudam a conceber biossensores e os sinais de ligação antigénio-anticorpo são obtidos observando a flutuação da corrente que atravessa os fios); o grafeno, as películas metálicas e as superfícies nanoestruturadas tornaram o diagnóstico virológico muito mais fácil do que as técnicas convencionalmente utilizadas [19]. Os agentes patogénicos expressam principalmente a sua patogenicidade através das unidades estruturais e funcionais (moléculas) que transportam para a sua superfície celular, tais como lípidos, hidratos de carbono, lipoproteínas, glicoproteínas, glicopeptídeos, etc. Os dispositivos de diagnóstico rápido no local de prestação de cuidados (POC) que utilizam diagnósticos rápidos de fluxo lateral multiplexados para diferentes tipos de agentes patogénicos, incluindo estirpes de vírus e bactérias, podem ser um excelente substituto das técnicas de PCR utilizadas para identificar microrganismos com base na sua composição genética. O POC fornece normalmente uma leitura baseada num código de cores em 10 minutos, o que consome muito menos tempo do que as abordagens PCR, embora a técnica PCR forneça sempre resultados autênticos das amostras. Para o efeito, foram preparadas nanopartículas de prata triangulares, feitas de prata, que podem assumir cores diferentes consoante o seu tamanho. A nano-bio-técnica seria a próxima geração de deteção do vírus Ébola, juntamente com as técnicas de PCR prevalecentes [20].

Rastreio baseado em lectinas do tipo C

O grupo de lectinas dependentes de cálcio (Ca^{2+}) (lectinas de tipo C) possui uma não-integrina (DC-SIGN) específica para as células dendríticas que agarra a ICAM-3. Esta é uma indicação clara de que funciona como um protótipo de lectina de tipo C de tipo II organizada em microdomínios. O seu papel é reconhecer os agentes patogénicos através do rastreio dos tipos de receptores que transportam. A ligação cruzada das lectinas do tipo C com outros receptores desempenha um papel muito importante no rastreio dos agentes patogénicos, bem como dos seus produtos segregados. Ex. Receptores do tipo Toll [18]. O vírus do Ébola pode ser identificado utilizando esta técnica de forma bastante transparente, uma vez que funciona com as moléculas receptoras.

Referências

1. *Feldmann H, Geisbert TW. Febre hemorrágica do Ébola. Lancet2011; 377:849-62.*
2. *OMS (2014). Orientações laboratoriais para o diagnóstico da doença do vírus Ébola: recomendações provisórias. www.who.int/*
3. *OMS (2014) "Declaração sobre a consulta da OMS sobre potenciais terapias contra o Ébola e*

vacinas". Recuperado em 1 de outubro de 2014.

4. *Bah EI, Lamah MC, Fletcher T, Jacob ST, Brett-Major DM, Sall AA, et al. Apresentação clínica de pacientes com a doença do vírus Ébola em Conacri, Guiné. N Engl JMed2014; publicado online em 5 de novembro. doi:10.1056/NEJMoa1411249.*
5. *Chertow DS, Kleine C, Edwards JK, Scaini R, Giuliani R, Sprecher A. Ebola virus disease in West Africa-clinical manifestations and management. N Engl J Med 2014;371:2054-7.*
6. *Sanchez A, Lukwiya M, Bausch D, Mahanty S, Sanchez AJ, Wagoner KD, et al. Análise de amostras de sangue periférico humano de casos fatais e não fatais de febre hemorrágica do Ébola (Sudão): respostas celulares, carga viral e níveis de óxido nítrico. J Virol 2004;78:10370-7.*
7. *Schieffelin JS, Shaffer JG, Goba A, Gbakie M, Gire SK, Colubri A, et al; Programa de Febre de Lassa do KGH; Consórcio de Febre Hemorrágica Viral; Equipa de Resposta Clínica da OMS. Doença clínica e resultados em pacientes com Ébola na Serra Leoa. N Engl J Med2014;371:2092-100.*
8. *Towner JS, Rollin PE, Bausch DG, Sanchez A, Crary SM, Vincent M, et al. Diagnóstico rápido da febre hemorrágica do Ébola por transcrição reversa-PCR num contexto de surto e avaliação da carga viral do doente como indicador do resultado. J Virol2004; 78:4330-41.*
9. *Rowe AK, Bertolli J, Khan AS, Mukunu R, Muyembe-Tamfum JJ, Bressler D, et al. Acompanhamento clínico, virológico e imunológico de doentes convalescentes com febre hemorrágica do Ébola e dos seus contactos domésticos, Kikwit, República Democrática do Congo. Comissão de Luta contra as Epidemias em Kikwit. J Infect Dis1999;179(suppl 1): S28-35.*
10. *Kortepeter MG, Bausch DG, Bray M. Características clínicas e laboratoriais básicas da febre hemorrágica filoviral. J Infect Dis2011;204(suppl 3):S810-6.*
11. *Fowler RA, Fletcher T, Fischer WA 2nd, Lamontagne F, Jacob S, Brett-Major D, et al. Caring for critically ill patients withEbola virus disease. Perspectivas da África Ocidental. Am J Respir Crit Care Med 2014;190:733-7.*
12. *McElroy AK, Erickson BR, Flietstra TD, Rollin PE, Nichol ST, Towner JS, et al. Correlatos de biomarcadores de sobrevivência em doentes pediátricos com a doença do vírus do ébola. Emerg Infect Dis 2014;20:1683-90.*
13. *Rollin PE, Bausch DG, Sanchez A. Medições da química do sangue e níveis de D-Dímero associados a resultados fatais e não fatais em humanos infectados com o vírus Ébola do Sudão. J Infect Dis2007;196(suppl 2): S364-71.*
14. *Auffermann WF, Kraft CS, Vanairsdale S, Lyon GM 3rd, Tridandapani S. Radiographic imaging for patients with contagious infectious diseases: how to acquire chest radiographs of patients infectados com o vírus Ébola. AJR Am JRoentgenol2014; publicado online em 17 de novembro.*
15. *AM Abraham R Kannangai, G Sridharan Nanotecnologia: A New Frontier In Virus Detection In Clinical Practice (Uma nova fronteira na deteção de vírus na prática clínica). Jornal Indiano de Microbiologia*

Médica, (2008) 26(4): 297-301

16. *Demidov VV. Nanobiosensores e diagnóstico molecular: A 2. promising partnership. Exp Rev Mol Diagn 2004;4:267-8*

17. *Singh D, McMillan JM, Kabanov AV, Sokolsky-Papkov M, Gendelman HE. Bench-tobedside translation of magnetic nanoparticles (tradução de nanopartículas magnéticas da bancada para o leito). Nanomedicina (Lond). 2014 Abr;9(4): 501--16.*

18. *Alessandra Cambi, Marjolein Koopman e Carl G. Figdor. "Como as lectinas do tipo C detectam patogénicos". Cellular Microbiology (2005).7(4),481--488.doi : 10.1111/j.1462-5822.2005.00506.*

19. *Choi S, Tripathi A, Singh D. Smart nanomaterials for biomedics. J Biomed Nanotechnol. 2014 Oct;10(10):3162-88. Revisão.*

20. *Chun-Wan Yen, Helena de Puig, Justina O. Tam, José Gomez-Marquez, Irene Bosch, Kimberly Hamad-Schifferli e Lee Gehrke Multicolored silver nanoparticles for multiplexed disease diagnostics: distinguishing dengue, yellow fever, and Ebola viruses. Revista Lab on a Chip. Edição 2, 2015. DOI:10.1039/C5LC00055F*

Capítulo 10

Proteção contra a infeção pelo vírus Ébola

Não está disponível uma vacina eficaz, uma vez que os projectos relacionados com o desenvolvimento de vacinas para o vírus Ébola ainda estão em fase de colapso laboratorial. Várias vacinas candidatas promissoras demonstraram proteger os primatas não humanos (geralmente macacos) contra a infeção letal [61,62,63]. Estas incluem vectores de adenovírus deficientes em replicação , vectores de estomatite vesicular (VSV) e parainfluenza humana (HPIV-3) competentes em termos de replicação e preparações de nanopartículas semelhantes a vírus. Os ensaios convencionais para estudar a eficácia através da exposição de seres humanos ao agente patogénico após a imunização não são obviamente viáveis neste caso.

Vacinas contra o vírus do Ébola prevalecentes

1. Vacina contra o vírus Ébola

Uma proteína recombinante é uma proteína cujo código é transportado por ADN recombinante. A vacina baseia-se na sequência genética recentemente publicada [64] da estirpe do Ébola da Guiné (Makona) de 2014. Em estudos com animais, foi induzida uma resposta imunitária útil, que se verificou ser reforçada dez a cem vezes pelo adjuvante imunológico "Matrix-M" da empresa. Foi iniciado um estudo sobre a resposta de primatas não humanos à vacina. Os siRNAs encapsulados em nanopartículas lipídicas (LNP), rapidamente adaptados para atingir a estirpe do surto de EBOV de Makona, são capazes de proteger 100% dos macacos rhesus contra o desafio letal quando o tratamento foi iniciado 3 dias após a exposição, enquanto os animais estavam virémicos e clinicamente doentes [65]. Os resultados da fase 1 do ensaio em humanos mostraram que a vacina Ebola GP com adjuvante era altamente imunogénica em todos os níveis de dose.

2. Ad26.ZEBOV/ MVA-BN

O Ad26.ZEBOV é derivado do adenovírus humano serotipo 26 (Ad26) que exprime a glicoproteína variante Mayinga do vírus Ébola, enquanto o segundo componente MVA-BN é o filovector do vírus Vaccinia modificado Ankara - Bavarian Nordic (MVA-BN). Os dados preliminares indicaram que o regime de vacina de reforço primário provocou uma resposta imunológica temporária nos voluntários, tal como esperado da vacinação no ensaio de Fase 1. O ensaio de Fase 2 envolveu 612 voluntários adultos e teve início em julho de 2015 no Reino Unido e em França. Um segundo ensaio de Fase 2, envolvendo 1 200 voluntários, foi iniciado em África [66], tendo o primeiro ensaio começado na Serra Leoa em outubro de 2015 [67].

3. rVSV-EBOV

É uma vacina baseada no vírus da estomatite vesicular que foi geneticamente modificado para expressar uma glicoproteína de superfície do vírus Ébola do Zaire, denominada VSV- EBOV. A vacina demonstrou ser segura em vários locais na América do Norte, Europa e África, mas vários voluntários num local de ensaio em Genebra, na Suíça, desenvolveram artrite relacionada com a vacina ao fim de cerca de 2 semanas e cerca de 20%-30% dos voluntários nos locais de ensaio desenvolveram febre baixa pós-vacina, que desapareceu num ou dois dias. Outros efeitos secundários comuns foram dor no local da injeção, mialgia e fadiga [68]. Em abril de 2015, teve início na Libéria um ensaio de Fase 3 com uma dose única de VSV-EBOV, após um estudo de Fase 2 bem sucedido no país da África Ocidental [70]. Em 31 de julho de 2015, os resultados preliminares de um ensaio de Fase 3 na Guiné indicaram que a vacina parece ser "altamente eficaz e segura" [69]. O ensaio utilizou um protocolo de vacinação em anel que começou por vacinar todos os contactos mais próximos de novos casos de infeção por Ébola imediatamente ou após 21 dias. Devido à eficácia demonstrada da vacinação imediata, todos os destinatários serão imunizados imediatamente [71]. Em dezembro de 2016, um estudo concluiu que a vacina contra o VSV-EBOV é 70-100% eficaz contra o vírus Ébola, o que a torna a primeira vacina comprovada contra a doença [72].

4. cAd3-EBO Z

Esta vacina baseia-se numa versão atenuada de um adenovírus de chimpanzé (cAd3) que foi geneticamente alterado de modo a ser incapaz de se replicar nos seres humanos. O vetor cAd3 tem um fragmento de ADN inserido que codifica a glicoproteína do vírus Ébola, que se expressa na superfície do virião e é fundamental para a fixação às células hospedeiras e para a catálise da fusão das membranas. O ensaio, que envolveu um total de 60 voluntários, prevê a vacinação de 30 voluntários com a vacina de reforço. A partir de abril de 2015, o ensaio de Fase 3 com uma dose única de cAd3-EBO Z começa na Serra Leoa, após um estudo de Fase 2 bem sucedido nos países da África Ocidental [70,73].

5. Vacina contra o vírus da estomatite vesicular

A vacina baseia-se, de facto, numa estirpe de Ébola chamada EBOVAVP30, que é incapaz de se replicar [74].

6. Nova vacina contra o Ébola baseada num vetor de adenovírus recombinante tipo 5

A vacina contém glicoproteínas da estirpe de 2014, em vez das da estirpe de 1976. O ensaio encontrou sinais de eficácia e não levantou preocupações significativas em termos de segurança [75].

7. Vaxart Comprimido

Tecnologia de vacinas sob a forma de comprimidos estáveis à temperatura que podem oferecer vantagens como a redução da necessidade de cadeia de frio e um fabrico rápido e escalável.

Nutracêuticos

Melatonina

A melatonina, também conhecida como V-acetil-5-metoxitriptamina,[1] é uma hormona produzida pela glândula pineal nos animais e que regula o sono e a vigília[2]. A melatonina também é produzida nas plantas, onde funciona como uma primeira linha de defesa contra o stress oxidativo[3].

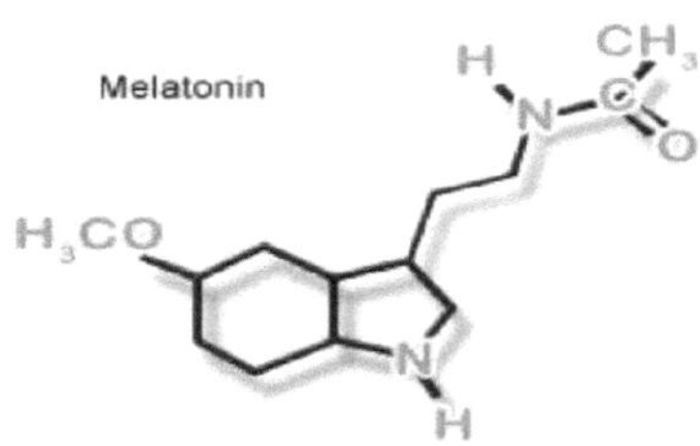

Fig.8: Estrutura molecular da melatonina

A infeção pelo vírus Ébola sofre múltiplas anomalias no estado físico-químico normal, criando rutura endotelial, coagulação intravascular disseminada e hemorragia de múltiplos órgãos, que podem ser alvo da ação da melatonina. Além disso, o tratamento da infeção pelo vírus Ébola com base na melatonina pode ser uma solução muito possível para as próximas décadas, uma vez que está disponível no mercado mundial e pode ser utilizada por via oral [4].

Vitamina C

A vitamina C é muito potente e tem uma biodisponibilidade óptima para combater qualquer infeção viral. A vitamina C acelera uma reação bioquímica fundamental que, na realidade, ocorre entre um ou mais catiões de metais de transição e a presença local de peróxido, que é a produção imediata de radicais hidroxilo [5]. Estes radicais são agentes oxidantes muito reactivos que aumentam o stress oxidativo e acabam por destruir tudo o que se encontra no seu ambiente imediato.

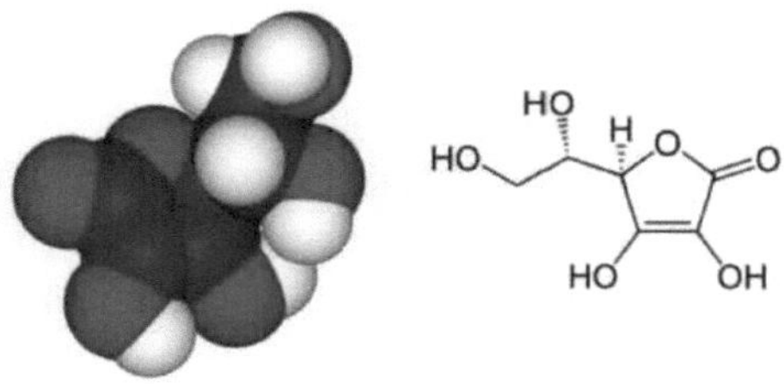

Fig.9: Estrutura molecular da vitamina C

Os antioxidantes têm efeitos virucidas semelhantes, mas a vitamina C torna-os mais potentes e eficazes do ponto de vista clínico [5]. A vitamina C (1 000 mg por dia) é essencial para reforçar a imunidade contra as infecções virais.

Vitamina D

A vitamina D não é mais do que um grupo de secosteróides lipossolúveis, que é uma necessidade premente para aumentar a absorção intestinal de zinco, magnésio, fosfato e cálcio, desenvolvendo a nossa imunidade contra H1N1, Herpes simplex, Herpes labial, Zóster, Varicela, Gripe, Epstein-Barr, Hepatite B, VIH, Dengue, Febre amarela, Sarampo, Papeira, Varíola, MERS (Middle East Respiratory Syndrome), Vírus do Nilo Ocidental, pode ser tratada com vitamina D. Da mesma forma, os sintomas semelhantes aos do Ébola podem ser tratados com colecalciferol (vitamina D3). Do mesmo modo, os sintomas semelhantes aos do Ébola podem ser tratados com suplementos de colecalciferol (vitamina D3) e ergocalciferol (vitamina D2) [36].

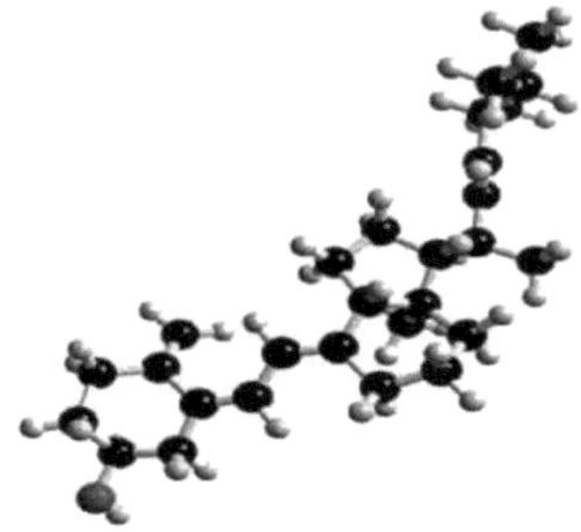

Fig.10: Estrutura molecular da vitamina D

É importante uma boa dose de vitamina D, especificamente vitamina D3 numa dose de 5000 U.I. por 100 lbs. de peso corporal [35]. A hidroxilação enzimática é necessária para ativar a vitamina D da dieta ou a síntese dérmica da luz solar no fígado e nos rins. A homeostase e o metabolismo do cálcio são regulados pela vitamina D.

Estabilizadores imunitários

Minerais vestigiais

Os minerais vestigiais (em pequenas quantidades), como fósforo, zinco, manganês, cobre, flúor, etc., são extremamente necessários para o desenvolvimento do sistema imunitário para as células T e a produção de anticorpos, onde a deficiência destes minerais vestigiais pode levar à suscetibilidade de infeção [36], incluindo os sintomas do Ébola kike. Por isso, os oligoelementos são de grande utilidade contra a infeção por Ébola [37].

Zinco

A proteína antiviral de dedo de zinco (ZAP) pode atuar contra o vírus Ébola (EBOV) e o vírus de Marburgo (MARV). Os efeitos antivirais podem ser observados após a infeção de células que exprimem a parte N-terminal da ZAP fundida com o produto do gene de resistência à zeocina (NZAP-Zeo), bem como após a infeção de células que exprimem indutivamente a ZAP de comprimento total.

Fig.11: Proteína antiviral do tipo CCCH de dedo de zinco

Deste modo, o EBOV pode ser inibido até 4 unidades logarítmicas e o MARV entre 1 e 2 unidades logarítmicas. A atividade do ZAP depende da integridade do segundo e quarto motivos do dedo de zinco quando o teste é feito com linhas celulares que expressam mutantes NZAP-Zeo [6].

Selénio orgânico e inorgânico

A utilização de selenito de sódio inorgânico durante infecções agudas pelo vírus Ébola pode ser feita. Além disso, para a população em geral, a manutenção de níveis óptimos de selénio através da utilização de compostos orgânicos contendo selénio, tais como levedura rica em selénio ou selenometionina, tem potencial terapêutico.

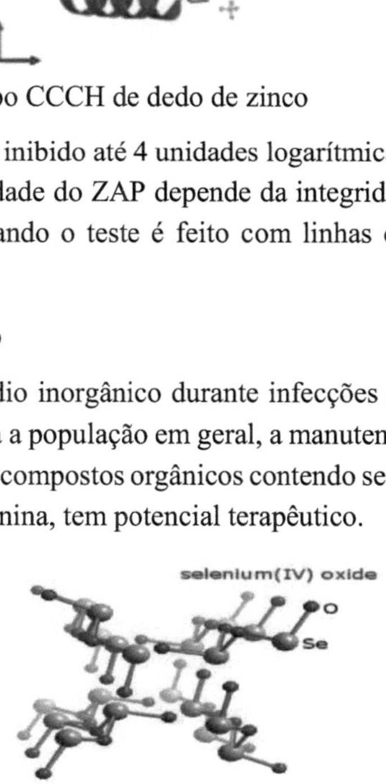

Fig. 12: Estrutura molecular do óxido de selénio (IV)

As quantidades de selénio intravenoso devem ser prescritas em função da condição corporal dos indivíduos. A quantidade de suplemento de selénio sugerida para os profissionais de saúde é de 400 microgramas diários durante a exposição. A quantidade de suplemento de selénio para a população em geral nas regiões deficientes em selénio é de 200 microgramas diários. O excesso de selénio, tal como acontece com a maioria dos minerais, pode ser tóxico e não são recomendados níveis a longo prazo superiores a 1.000 microgramas (1 miligrama) [7].

H2O2 (Peróxido de hidrogénio)

Lavagem da cavidade oral (4 a 5 vezes por dia); imersão na banheira (dia sim, dia não); lavagem das mãos, rosto, pernas e peito, etc. com H2O2 (3%) pode ser um estabilizador imunitário notável contra a infeção pelo vírus Ébola. Além disso, a administração oral de H2O2 (3%) com extrato de folha de aloé vera e água potável fresca durante 4-6 vezes (com intervalos de 2 horas) durante 5-10 dias é suficiente para modular a imunidade e parar a febre viral, as dores e os vómitos, incluindo os principais sintomas do Ébola [14].

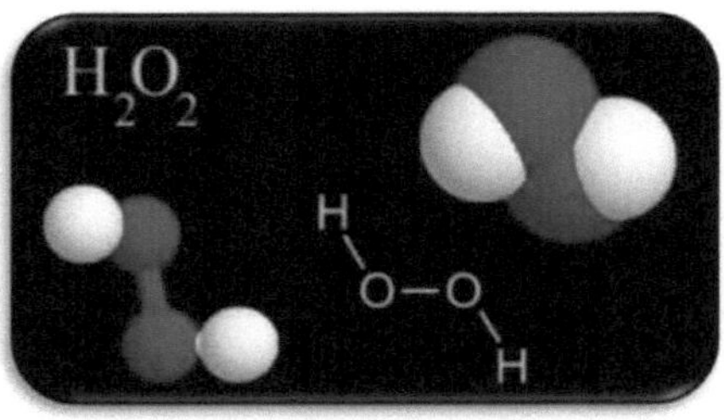

Fig.13: Estrutura molecular do peróxido de hidrogénio (H2O2)

Água ozonizada

O ozono é um gás instável composto por três átomos de oxigénio, o gás degrada-se rapidamente em oxigénio e, durante esta transição, um átomo de oxigénio livre permanece sob a forma de radical livre. O ozono é por vezes chamado "oxigénio ativado" [32]. O ozono é o segundo esterilizador mais potente que existe e pode ser utilizado para destruir bactérias, vírus e odores. O ozono tem uma vida curta e degrada-se rapidamente, voltando ao oxigénio normal. A água ozonizada pode até matar células cancerígenas [31]. Beber 4-6 copos de água ozonizada em intervalos de 2 horas pode aumentar a imunidade contra a infeção por Ébola [14].

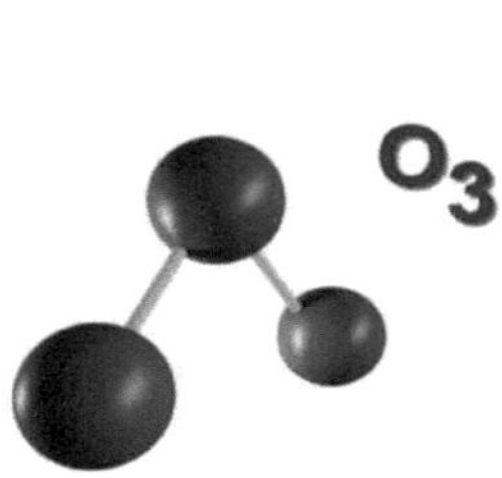

Fig.14: Estrutura molecular do ozono (O3)

Etnobotânica

Os esforços internacionais recentes centram-se em novas vacinas, medicamentos e diagnósticos e não na aplicação do potencial dos profissionais de saúde tradicionais (THP) na gestão das epidemias de doenças infecciosas. No entanto, o primeiro contacto da maioria dos pacientes infectados com Ébola é com os THP, uma vez que os sintomas são semelhantes aos de doenças ou sintomas comuns tratados tradicionalmente, como a malária, a síndrome hemorrágica, a febre tifoide ou outras doenças gastrointestinais, a febre e os vómitos. As plantas pertencentes às famílias Euphorbiaceae, Caesalpiniaceae e Rubiacea têm maior potencial para erradicar e/ou suprimir a frequência da infeção pelo vírus Ébola [8].

Etno-entomologia

A aplicação de insectos e dos seus produtos para fins médicos e farmacêuticos é designada por etno-entomologia. Os artrópodes são o reservatório natural de uma série de biomoléculas que podem ser manipuladas como bio-terapêuticas naturais essenciais contra doenças anteriormente consideradas fatais, como a chikungunya, o vírus Ébola, o VIH, o dengue, a encefalite japonesa e outras síndromes. As moléculas são principalmente péptidos, açúcares, terpenóides, saponinas, neurotoxinas, enzimas, hormonas, polipéptidos, etc. [33]. Alguns compostos tóxicos conhecidos das aranhas incluem acilpoliaminas, péptidos tóxicos, nucleósidos sulfatados, compostos de poliaminas e neurotoxinas de poliaminas. Uma combinação adequada de uma variedade de toxinas de diferentes grupos de aranhas possui um potencial notável para tratar anomalias nervosas como a doença de Huntington, Alzheimer, Parkinson e muitas outras [34].

Ayurvédica

De acordo com a Ayurveda, a pitta (sob a forma de sumo de bílis) concentra-se e seca, provocando a corrosão das paredes celulares e resultando em hemorragias quando uma pessoa é infetada pelo Ébola. A medicina ayurvédica evita a desnaturação da pitta da forma líquida para a forma ácida seca e neutraliza as toxinas libertadas pelo vírus Ébola. A terapia combinada da alopatia e da Ayurveda pode ser uma opção muito boa para o tratamento do vírus Ébola [9]. Na fase inicial da febre correspondente à doença do vírus Ébola (DVE), de acordo com a Ayurveda, os doshas vata-pitta e o rakta dhatu (sangue e plasma) são afectados, conduzindo à fase hemorrágica ou febre hemorrágica do Ébola (FHE), com sintomas que incluem sede excessiva, erupções cutâneas, sangue na saliva, sensação de ardor, vermelhidão do corpo, vertigens e delírio. De acordo com os textos da Ayurveda (Charaka Samhita), uma das complicações da febre é a rakta-pitta, que provoca hemorragias na boca, no reto e noutros orifícios. Esta condição ocorre nas vítimas de EHF. Os protocolos ayurvédicos incluem dieta, estilo de vida, medicamentos e terapias aplicáveis às diferentes fases da doença. Os medicamentos preparados a partir de alimentos adstringentes são preferidos na fase intermédia e incluem figos, groselhas, pimenta branca, cucurbita, fruta jamun, noz, semente de manga seca/aamchur, ananás cru, vastuk (bathwa), vegetais de folha, badri (bagas), rebentos de bambu, tâmaras, caule/talo de lótus, charoli (chironji) a administrar sob a forma líquida [9].

Decocção de folhas de espinheiro

Houve uma profecia recebida em 5 de agosto de 1880 por Marie-Julie Jahenny (1850-1941) que indica que a infeção pelo vírus Ébola surgiu em 2014 na África Ocidental, uma vez que os sinais e sintomas que ela declarou se assemelham ao estado fisiológico da vítima do vírus Ébola. Afirmou: "Haverá uma doença grave que a ciência humana não será capaz de aliviar. Esta doença atacará primeiro o coração, depois o espírito e, ao mesmo tempo, a língua. Será horrível. O calor que a acompanha será um fogo devorador insuportável e tão intenso que os membros do corpo afectados ficarão vermelhos - um vermelho ardente insuportável. Ao fim de sete dias, esta doença, semeada como uma semente no campo, espalhar-se-á por todo o lado e fará grandes progressos. Esta doença produzirá vómitos e náuseas contínuos. Se o remédio for tomado demasiado tarde, a parte do corpo afetada ficará preta e, no preto, ver-se-á uma espécie de risca amarela pálida.

Meus filhos, aqui está o único remédio que vos pode salvar. Vós conheceis o espinheiro, que cresce praticamente em todas as sebes. As folhas do espinheiro, não a madeira, podem parar o progresso desta doença. Vai colher as folhas e não a madeira. Mesmo secas, elas conservam a sua eficácia. Colocá-las-á em água a ferver e deixá-las-á aí durante catorze minutos, tapando o recipiente para que o vapor aí permaneça. No início da doença, deve-se usar este remédio três vezes ao dia [10]".

As bagas, folhas e flores da espinheira-santa têm sido utilizadas pela sua excelência medicinal. Poucos historiadores cristãos acreditam que a coroa de espinhos colocada na cabeça de Cristo não era mais do que bagas de espinheiro na Sexta-feira Santa. Experiências recentes revelaram que, no caso do tratamento de uma vítima de Ébola, o extrato de folhas de Hawthrone pode ser tomado por via oral três vezes por dia com um intervalo de 5 horas [11].

Cominhos pretos e mel

O cominho preto *(Nigella sativa)* é também chamado Haba Al-Barakah (em árabe) devido ao facto de possuir uma aplicação medicinal superior há milhares de anos em todo o mundo. *A N.sativa* tem provado a sua capacidade de ser aplicada como terapêutica contra as doenças que eram anteriormente consideradas crónicas e incuráveis. Por exemplo, a infeção pelo VIH, o cancro, etc. [11]. Seria pertinente discutir algo sobre o VIH-1 e o cancro, uma vez que se tem um tipo de resposta equivalente ao cominho preto antes de passar ao tratamento da infeção por Ébola. A terapia antirretroviral altamente ativa (HAART) é iniciada principalmente para os doentes com VIH-1. Existem várias terapêuticas (medicamentos anti-retrovirais), como o nelfinavir (200 mg/kg), a zidovudina (50 mg/kg) e o efavirenz (20 mg/kg), que podem ser misturados com a dieta. De facto, o tratamento torna-se frutífero, tendo em conta a estabilização e o reforço do sistema imunitário, quando as doses da mistura são suplementadas com óleo de sementes de *N.sativa* a uma concentração de 400gl/Kg. Os resultados do aumento da insulina e dos péptidos C nos doentes tratados com HAART, em contraste com o tratamento com suplemento de BSO, reduziram o estado de hiperinsulinemia. O mesmo aconteceu com modelos animais expostos ao BSO (ratos) com a redução do stress oxidativo [12]. O ponto de vista religioso do cominho preto é significativo.

Abu Huraira (o grande erudito islâmico e companheiro do Profeta Maomé) narrou:

حَدَّثَنَا يَحْيَى بْنُ بُكَيْرٍ، حَدَّثَنَا اللَّيْثُ، عَنْ عُقَيْلٍ، عَنِ ابْنِ شِهَابٍ، قَالَ أَخْبَرَنِي أَبُو سَلَمَةَ، وَسَعِيدُ بْنُ الْمُسَيَّبِ، أَنَّ أَبَا هُرَيْرَةَ، أَخْبَرَهُمَا أَنَّهُ، سَمِعَ رَسُولَ اللَّهِ صلى الله عليه وسلم يَقُولُ " فِي الْحَبَّةِ السَّوْدَاءِ شِفَاءٌ مِنْ كُلِّ دَاءٍ إِلاَّ السَّامَ ". قَالَ ابْنُ شِهَابٍ وَالسَّامُ الْمَوْتُ، وَالْحَبَّةُ السَّوْدَاءُ الشُّونِيزُ.

Ouvi o Mensageiro de Alá (sallallahu 'alaihi wa sallam) dizer: "O cominho preto cura todas as doenças, exceto a morte." [40]

حَدَّثَنَا مُحَمَّدُ بْنُ الْمُثَنَّى، حَدَّثَنَا أَبُو أَحْمَدَ الزُّبَيْرِيُّ، حَدَّثَنَا عُمَرُ بْنُ سَعِيدِ بْنِ أَبِي حُسَيْنٍ، قَالَ حَدَّثَنِي عَطَاءُ بْنُ أَبِي رَبَاحٍ، عَنْ أَبِي هُرَيْرَةَ ـ رضى الله عنه ـ عَنِ النَّبِيِّ صلى الله عليه وسلم قَالَ " مَا أَنْزَلَ اللَّهُ دَاءً إِلاَّ أَنْزَلَ لَهُ شِفَاءً ".

O Profeta (sallallahu 'alaihi wa sallam) disse: "Não há doença que Alá tenha criado, exceto que Ele também criou o seu tratamento." [41]

Da mesma forma, para efeitos de tratamento do cancro, o óleo volátil de Nigella sativa (cominho preto) pode ser utilizado como agente antioxidante que contém a capacidade de eliminação dos radicais livres gerados durante uma determinada toxicose. A eficácia na alteração do estado bioquímico dessas mesmas toxinas provou que *a N.* sativa é anti-hepatotóxica, anti-carcinogénica, anti-mutagénica e anti-teratogénica para diferentes espécies animais [13]. Por outro lado, a propriedade imunogénica do mel é multidimensional, uma vez que oferece atividade antibacteriana, mantém as feridas húmidas e a sua elevada viscosidade ajuda a criar uma barreira protetora para evitar infecções. Fabrica o nosso sistema imunitário de forma a que o corpo humano possa manter toda a sua atividade natural em momentos de stress (especificamente para infecções virais) [38].

Fig.15 Flor e sementes de cominho preto

Os flavonóides e os antioxidantes reduzem os riscos de cancro e a incidência de doenças cardíacas. Ao mesmo tempo, o mel de flor de mostarda (amarelo-esbranquiçado) é um remédio natural para úlceras e gastroenterites bacterianas. O mel contém uma enzima responsável pela codificação do H O_{22} , que actua como agente antibacteriano, fúngico e viral. Por outro lado, mantendo os níveis de glicogénio e melhorando o tempo de recuperação do que outros edulcorantes, o mel tem sido a melhor opção desde a época dos antigos atletas olímpicos, o que é agora comprovado pelos estudos recentes. Na regulação do açúcar no sangue, tosse, irritação da garganta, ejaculação precoce, perturbações do trato urinário, asma brônquica, diarreia e náuseas, tem sido utilizado desde há muito tempo. A majestosa terapêutica do mel é, de facto, encontrada nas estirpes de probióticos que alimenta, incluindo até 6 espécies de *Lactobacilos* e 4 espécies de *Bifidobactérias* [39].

Fig.16 Mel puro

No caso do tratamento do vírus Ébola, 60% de *N.sativa* (cominho preto) e 40% de mel (diretamente com o estômago vazio ou como dieta suplementar) podem ser muito eficazes, tal como já foi observado em doentes com VIH-1, onde a redução da carga viral e a contagem total de CD4 [14]. Do ponto de vista da filosofia islâmica, o mel é uma ferramenta medicinal milagrosa que pode curar qualquer tipo de doença.

Narrou Jabir bin 'Abdullah (Grande Estudioso Islâmico e Companheiro do Profeta Maomé, saws):

حَدَّثَنَا أَبُو نُعَيْمٍ، حَدَّثَنَا عَبْدُ الرَّحْمَنِ بْنُ الْغَسِيلِ، عَنْ عَاصِمِ بْنِ عُمَرَ بْنِ قَتَادَةَ، قَالَ سَمِعْتُ جَابِرَ بْنَ عَبْدِ اللَّهِ ـ رضى الله عنهما ـ قَالَ سَمِعْتُ النَّبِيَّ صلى الله عليه وسلم يَقُولُ " إِنْ كَانَ فِي شَىْءٍ مِنْ أَدْوِيَتِكُمْ ـ أَوْ يَكُونُ فِي شَىْءٍ مِنْ أَدْوِيَتِكُمْ ـ خَيْرٌ فَفِي شَرْطَةِ مِحْجَمٍ، أَوْ شَرْبَةِ عَسَلٍ، أَوْ لَذْعَةٍ بِنَارٍ تُوَافِقُ الدَّاءَ، وَمَا أُحِبُّ أَنْ أَكْتَوِيَ ".

Ouvi o Profeta (sallallahu 'alaihi wa sallam) dizer: "Se há alguma cura nos vossos remédios, então é em ventosas, um gole de mel ou marcação com fogo (cauterização) que se adequa à doença, mas eu não gosto de ser (cauterizado) marcado com fogo." [42]

Aisha (que a paz esteja com ela, erudita islâmica e esposa do Profeta Maomé (PBUH)) narrou:

حَدَّثَنَا عَلِيُّ بْنُ عَبْدِ اللَّهِ، حَدَّثَنَا أَبُو أُسَامَةَ، قَالَ أَخْبَرَنِي هِشَامٌ، عَنْ أَبِيهِ، عَنْ عَائِشَةَ ـ رضى الله عنها ـ قَالَتْ كَانَ النَّبِيُّ صلى الله عليه وسلم يُعْجِبُهُ الْحَلْوَاءُ وَالْعَسَلُ.

O Profeta (sallallahu 'alaihi wa sallam) costumava gostar de coisas comestíveis doces e mel. [43]

Aloé Vera

O Aloé Vera é uma planta perene sem caule da família dos lírios que é amplamente cultivada na América Latina pelo gel mucilaginoso que produz. O gel contém uma série de biomoléculas essenciais que podem curar qualquer infeção, incluindo infecções virais, tais como cerca de cem minerais, lípidos, enzimas, aminoácidos, vitaminas, ácidos, glucomananos e outros polissacáridos [44]. O gel funciona, em certa medida, como um agente analgésico e anti-inflamatório. Contém vitaminas A, C e E como antioxidantes e vitamina B12, ácido fólico e colina como nutrientes. A catalase, a celulose, a aliase, a fosfatase alcalina, a bradicinase (um agente anti-inflamatório), a carboxipeptidase, a peroxidase, a lipase e a amilase são enzimas obtidas a partir do aloé vera. Cobre (Cu), selénio (Se), manganês (Mn), potássio (K), magnésio (Mg), sódio (Na), cálcio (Ca), crómio (Cr) e zinco (Zn) são os minerais que já foram colhidos do gel de aloé vera [45-47]. Fornece glucose, frutose (monossacáridos); glucomananos (polissacáridos), ambos açúcares do tipo od. A manose-6-fosfato e os polissacáridos são os hidratos de carbono mais surpreendentes e comuns, respetivamente. O alprogénio (glicoproteínas antialérgicas) e a C-glucosil cromona (novo composto anti-inflamatório) foram isolados do gel de Aloé vera [48, 49]. A aloína e a emodina, que são antraquinonas comuns, actuam como antivirais e podem ser muito eficazes contra a infeção por Ébola, sendo isoladas do Aloé vera [50].

Fig.17 Folhas de Aloé Vera e o gel

A estimulação imunitária devida à presença de várias biomoléculas proporciona uma resposta indireta, sendo o efeito direto devido às antraquinonas aloína que inactivam os vírus com envelope, como o HSV (vírus Herpis Simplex), a gripe, a varicela zoster, etc. [51]. Deste modo, o gel de aloé vera pode ter um maior impacto na infeção pelo vírus Ébola, uma vez que está encapsulado [52,53].

Tabaco

O ZMapp é um fármaco concebido experimentalmente, composto por três anticorpos monoclonais fabricados na espécie de tabaco *Nicotiana benthamiana,* utilizado como terapêutica eficaz no surto de Ébola de 2014, tendo obtido mais de 65% de sucesso na redução da frequência da infeção. O tabaco, em especial a espécie *N. benthamiana,* é utilizado para conceber vacinas de subunidades antivirais ou vacinas de partículas semelhantes a vírus através da tecnologia de ADN recombinante utilizando o método de expressão transiente [15-19]. No entanto, é possível produzir uma possível vacina antigénica utilizando *N. benthamiana*, porque a GP1 exerce uma toxicidade extrema nas folhas. No entanto, a GP1 pode ser expressa como uma fusão com o terminal C de uma cadeia pesada (HC) do anticorpo IgG 6D8 humanizado (h6D8) específico para o epítopo na GP1 [20]. A fusão anticorpo-GP1 foi utilizada para exprimir transitoriamente em folhas de *N. benthamiana* utilizando o vetor do vírus do nanismo amarelo do feijão (BeYDV) [21] através da entrega mediada por Agrobacterium. No tecido vegetal, as cadeias leves expressas e as proteínas de fusão de cadeias pesadas-GP1 foram reunidas em anticorpos completos do isótipo IgG, que, por sua vez, formaram um complexo de anéis imunitários. Este complexo imunitário, denominado EIC (Ebola Immune Complex), foi produzido em folhas de *N. benthamiana* com um rendimento ótimo de cerca de 50 pg IgG por 1 g de massa foliar após 4 dias de infiltração. Duas espécies de tabaco, *Nicotiana tabacum* e *Nicotiana benthamiana,* têm sido utilizadas como sistemas inteligentes de expressão vegetal para a produção de anticorpos monoclonais (mAbs) [22,23].

(A) (B)

Fig.18 *Nicotiana tabacum* (A) e *Nicotiana benthamiana* (B)

A expressão transiente permite a expressão rápida de genes estranhos no espaço de vários dias e pode ser conseguida através da infeção por vírus recombinantes (por exemplo, vírus de ARN recombinante como o TMV) [24,25] ou da infiltração por vácuo de *Agrobacterium tumefaciens* recombinante [26]. Os componentes MB-003 (m13C6, m13F6, m6D8; todos do isótipo IgG2a) podem ser obtidos a partir de dez mAbs gerados por tecnologia de hibridoma. Pode ser humanizado por tecnologia de ADN recombinante para aumentar o seu tempo de semi-vida no ser humano. O MB-003 foi administrado por via intravenosa numa dose de 16,7 mg/kg por mAb a macacos rhesus previamente desafiados intra-muscularmente com 1000 pfu (Unidade Formadora de Placa) de EBOV, o que resultou numa sobrevivência de até 47% ao desafio, provando que a terapia da infeção por EBOV com três mAbs do cocktail MB-003 é muito bem sucedida. Para desenvolver uma terapêutica superior ao MB-003 e ao ZMab, uma combinação optimizada de anticorpos derivada desses cocktails [27]. O cocktail ZMapp, apesar da falta de aprovação para a utilização em seres humanos, foi autorizado a ser utilizado em seres humanos durante o surto de Ébola em agosto de 2014. Todos os sete doentes infectados com Ébola, à exceção de dois, sobreviveram [28]. O ZMapp está atualmente em ensaios clínicos. Devido à presença de N-glicanos sem frutose, os anticorpos derivados de plantas pareceram mais activos do que os seus homólogos derivados de células de mamíferos CHO [29].

Meditação

A meditação é muito eficaz para desenvolver um controlo sobre o nosso corpo e a nossa mente, tornando-nos completamente relaxados e pacificados. É muito fácil colocar o estado psicológico de uma pessoa na fase "a", que normalmente passa pela fase "p". Esta fase "a" ajuda a reestabilizar o nosso sistema imunitário e a desenvolver a nossa imunidade inata, manipulando as nossas cascatas de reacções psico-neuro-imunológicas (PNI) inerciais. Diminui de forma transparente o cortisol relacionado com o stress, reduz a respiração e o ritmo cardíaco, reduz a taxa metabólica, aumenta o fluxo sanguíneo no cérebro, aumenta a atividade no córtex pré-frontal esquerdo (o que se observa em pessoas mais felizes), reforça o sistema imunitário e conduz a um estado de relaxamento. A meditação também reduz o stress no trabalho, a ansiedade e a depressão, promove a saúde cardiovascular, melhora a função cognitiva, reduz o abuso de álcool, melhora a longevidade, promove um peso saudável, melhora a função imunitária e aumenta a qualidade de vida [30]. Além disso, o stress psicológico aumenta o nível de glucocorticóides através do eixo Hipotálamo Pituitário Adrenocortical (HPA). Quando quaisquer acontecimentos externos são avaliados como ameaçadores ou stressantes, estes activam as estruturas corticais e límbicas do sistema nervoso central e, em última análise, activam o eixo HPA. Em primeiro lugar, a hormona libertadora de corticotropina (CRH) surge no núcleo paraventricular do hipotálamo em resposta ao stress psicológico. Em seguida, esta neuro-hormona estimula a hipófise anterior a produzir a hormona adenocorticotrófica (ACTH), que por sua vez estimula a libertação de glucocorticóides das glândulas supra-renais. Foi demonstrado que os glucocorticóides têm efeitos moduladores nos processos imunitários relevantes para a vigilância e contenção do tumor, bem como noutros processos fisiopatológicos importantes para a progressão do cancro, incluindo a angiogénese, a invasão e a metástase. Da mesma forma, o comprometimento imunitário é uma caraterística comum às vítimas do Ébola, em que a PNI pode dar início a novas complicações físicas que podem reconhecer o nosso corpo como um depósito de agentes patogénicos e, como consequência final, o aparecimento de doenças infecciosas ainda mais graves.

Probióticos e prebióticos

Os probióticos são uma ferramenta muito eficaz na redução de infecções virais em comparação com os antibióticos, uma vez que não têm efeitos secundários e não são resistentes no nosso corpo como os antibióticos. É por isso que pode ser administrado repetidamente para ilustrar a imunidade. Por exemplo, *o Lactobacillus rhamnosus* GG no vírus da gripe H1N1 em modelo animal deu resultados muito positivos, em que a administração intranasal de probióticos *(Lactobacillus rhamnosus)* é eficaz na proteção do hospedeiro, estimulando as respostas imunitárias no trato respiratório. Uma combinação adequada de probióticos como *Lactobacillus acidophilus, Lactobacillus rhamnosus, Bifidobacterium longum e Saccharomyces boulardii* resulta numa diminuição notável da duração da diarreia e da febre associada devido à infeção pelo vírus da Rota [54]. Os probióticos podem aumentar a produção de anticorpos específicos que combatem os antigénios produzidos pelos vírus da constipação e da gripe. Os probióticos também possuem propriedades anti-inflamatórias (até mesmo propriedades anti-neuro-inflamatórias) que os tornaram úteis contra qualquer tipo de sintomas de gripe. A reação de hipersensibilidade e o fabrico imunitário baseados nos probióticos são regulados pela regulação das citocinas, o que fez dos probióticos um substituto inteligente dos antibióticos. Os probióticos são geralmente reconhecidos como seguros (GRAS), bem tolerados e eficazes para reforçar o sistema imunitário, reduzindo o risco de infecções ligeiras e graves [55]. Não só para os seres humanos, mas também no caso da agricultura (cultura de camarões), as infecções virais podem ser suprimidas utilizando microrganismos probióticos [56]. Os probióticos são imuno-bióticos essenciais [57] que funcionam como suplemento anti-viral para o vírus Ébola. A atividade antiviral dependente da dose contra o Coxsackievirus tipo A (CA) estirpe 6 (CA6), CA16 e EV71 é bastante fenomenal para algumas estirpes bacterianas de ácido lático como *L. reuteri* no sistema de células hospedeiras de mamíferos [58]. Esta é uma indicação clara de que as estirpes probióticas específicas podem ser implementadas de forma muito proveitosa contra a infeção pelo vírus Ébola. Os micróbios probióticos apoiam a força da camada epitelial intestinal, que é importante para gerar imunidade inata e protestar contra as moléculas virais que actuam como a primeira linha de defesa. Os micróbios probióticos são os instrumentos de funcionamento da barreira intestinal, uma vez que uma dose combinada de *Lactobacillus rhamnosus, Bifidobacteriaum bifidum* e *Streptococcus thermophilus* pode gerar estímulos imunitários e ser eficaz contra a supressão da infeção pelo VIH em certa medida [60]. Uma vez que tanto o vírus Ébola como o VIH comprometem o sistema imunitário humano, a dose de probióticos pode ser aplicada como terapêutica, tendo em conta a semelhança sintomática.

Por outro lado, os prebióticos são suplementos como os probióticos, mas são ingredientes alimentares que provocam a atividade estrutural e funcional de microrganismos benéficos, especialmente estirpes bacterianas probióticas [59]. Os suplementos prebióticos são principalmente produtos derivados de plantas que não são digeríveis pelo corpo humano e passam através do trato digestivo, estimulando a proliferação de micróbios probióticos. Os papéis dos prebióticos e dos probióticos são fabulosos na prevenção de doenças infecciosas e infecções respiratórias, incluindo infecções virais.

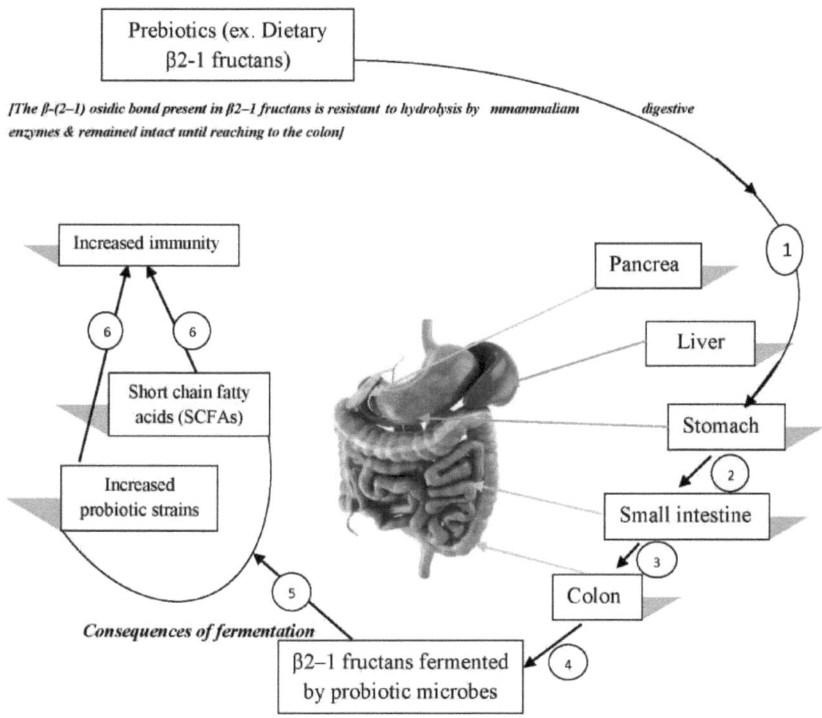

Fig. 19 mecanismos pelos quais os prebióticos (Ex. 02-1 frutanos) fabricam a defesa do hospedeiro

Apesar de todas as informações acima mencionadas, na verdade os prebióticos não têm qualquer implicação direta sobre as infecções virais fatais, mas em combinação com os isolados probióticos (simbióticos), podem ser funcionais contra incidências virais, mesmo contra a infeção por VIH e Ébola.

Referências

1. *"Melatonina". Sleepdex. Recuperado em 17 de agosto de 2011*
2. *Hardeland R, Pandi-Perumal SR, Cardinali DP (março de 2006). "Melatonina". O Programa Internacional JournalofBiochemistry&CellBiology. 38 (3): 313-6. doi:10.1016/j.biocel.2005.08.020. PMID 16219483.*
3. *Tan DX, Hardeland R, Manchester LC, Korkmaz A, Ma S, Rosales-Corral S, Reiter RJ (2012). "Papéis funcionais da melatonina em plantas, e perspectivas em ciências nutricionais e agrícolas". JournalofExperimentalBotany. 63 (2): 577-97.doi:10.1093/jxb/err256. PMID 22016420.*
4. *Tan DX, [1]Korkmaz A, Reiter RJ, Manchester LC. Doença do vírus Ebola: uso potencial da melatonina como tratamento. J Pineal Res. 2014 Nov; 57 (4): 381-4. doi: 10.1111 / jpi.12186. Epub 2014 Oct 14.*
5. *http://www.naturalhealth365.com/ebola-virus-thomas-levy-1095.html/*
6. *Stefanie Müller, Peggy Moller, Matthew J. Bick, Stephanie Wurr, Stephan Becker, Stephan Günther e Beate M. Kümmerer. Inhibition of Filovirus Replication by the Zinc Finger Antiviral Protein (Inibição da Replicação de Filovírus pela Proteína Antiviral de Dedo de Zinco). JOURNAL OF VIROLOGY, Mar. 2007, vol 81(5) p. 2391-2400.*
7. *Richard A. Passwater, 22 de outubro de 2014. "Selénio necessário para o tratamento do Ébola: Cartas abertas de cientistas universitários"/ou, http://www.drpasswater.com/OpenLetters.htm*
8. *A.M. Baldé, M.S. Traoré, M.A. Baldé, M.S. Barry, A. Diallo[a], M. Camara et al. (2016). "Investigações etnomédicas e etnobotânicas sobre as capacidades de resposta dos profissionais de saúde tradicionais guineenses na gestão de surtos de doenças infecciosas: O caso da epidemia do vírus Ébola" Journal of Ethnopharmacology. Volume 182, 22 de abril de 2016, Páginas 137-149*
9. *Rajiv Vasudevan "Libéria atingida pelo Ébola procura cura ayurvédica em Karnataka" (Cortesia: Times of Índia). TNN|Jan6 , 2015, 04. 00AMIST/or , http://timesofindia.indiatimes.com/city/bengaluru/Ebola-hit-Liberia-seeks-Ayurvedic-cure-from-Karnataka/articleshow/45767031.cms*
10. *Fontes: Marie Julie Jahenny: The Breton Stigmatist de Marquis de la Franquerie, (1941) & Prophecies of La Fraudas de Pierre Roberdel (1997).*
11. *http://www.keephopealive.org/d2014v12n3.html*
12. *Chandra S, [1]Murthy SN, Mondal D, Agrawal KC. Therapeutic effects of Nigella sativa on chronic HAART-induced hyperinsulinemia in rats. Can J Physiol Pharmacol. 2009 Apr;87(4):300-9. doi: 10.1139/Y09-014*
13. *Abdel-Wahhab MA, [1]Aly SE. Propriedade antioxidante de Nigella sativa (cominho preto) e Syzygium aromaticum (cravinho) em ratos durante a aflatoxicose. J Appl Toxicol. 2005 May-Jun;25(3):218-23.*
14. *Conrad LeBeau (2014). "Sintomas do Ébola, transmissão e uma profecia de 1880 O pó de semente preta "cura" um homem nigeriano da SIDA". Jornal de Imunidade. Vol 12. No.3.*
15. *Tremblay R, Wang D, Jevnikar AM, Ma Sh: Tabaco, um biorreator verde altamente eficiente para a produção de proteínas terapêuticas. Biotechnol Adv. 2010; 28: 214-221.*
16. *Obembe OO, Popoola JO, Leelavathi S, Reddy SV: Avanços na agricultura molecular de plantas. Biotechnol Adv. 2011; 29: 210-222. 5.*
17. *Paul M, Ma J KC: Plant-made pharmaceuticals: leading products and production platforms. Biotechnol Appl Bioc. 2011; 58: 58-67. 6.*
18. *Xu J, Dolan MC, Medrano G, Cramer CL, Weathers PJ: Fábrica verde: plantas como plataformas de bioprodução de proteínas recombinantes. Biotechnol Adv. 2012; 30: 1171-1184. 7.*

19. Budzianowski J: O tabaco - um produtor de interferões recombinantes. Przegl. Lek. 2014; 71: 639643. 8.

20. Phoolcharoen WSH, Bhoo H, Lai MJ, Arntzen ChJ, Chen Q, Mason HS: Expressão de um complexo imunitário Ebola imunogénico em Nicotiana benthamiana. Plant Biotechnol J. 2011; 9: 807-816

21. Huang Z, Phoolcharoen W, Lai H, Piensook K, Cardineau G. et al: Produção rápida e de alto nível de anticorpos monoclonais de tamanho normal em plantas através de um sistema de replicão de ADN de vetor único. Biotechnol Bioeng. 2010; 106: 9-17

22. De Muynck B, Navarre C, Boutry M: Produção de anticorpos em plantas: situação após vinte anos. Plant Biotechnol J. 2010; 8: 529-63. 24.

23. Whaley KJ, Hiatt A, Zeitlin L: Produtos de anticorpos emergentes e fabrico de Nicotiana. Hum Vaccin. 2011; 7: 349-356

24. Dawson WO, Beck DL, Knorr DA, Grantham GL: clonagem de cDNA do genoma completo do vírus do mosaico do tabaco e produção de transcrições infecciosas. P Natl Acad Sci USA 1986; 83: 1832-1836. 26.

25. Gleba Y, Klimyuk V, Marillonnet S: Vectores virais para a expressão de proteínas em plantas. Curr Opin Biotech. 2007; 18: 134-141. 27.

26. Kapila J, De Rycke R, Van Montagu M, Angenon G: Um sistema de expressão de genes transientes mediado por Agrobacterium para folhas intactas. Plant Sci. 1997; 122

27. Qiu X, Wong G, Audet J, Bello A, Fernando L. et al: Reversão da doença avançada do vírus Ébola em primatas não humanos com ZMapp. Nature 2014; 514: 47-53.

28. McCarthy M: EUA assinam contrato com fabricante de ZMapp para acelerar o desenvolvimento do medicamento contra o Ébola. BMJ 2014; 349: g5488.

29. Jaromir Budzianoski. Tabaco contra a doença do vírus Ébola. Przeglqd Lekarski 2015 / 72 / 10. Pa. 567-571 /or, http://www.wple.net/plek/numery_2015/numer-10-2015/567-571.pdf

30. Lissa Rankin, MD (2013) "Meditação como ferramenta de auto-cura" http://lissarankin.com/meditation-as- a-self-healing-tool

31. https://www.cancertutor.com/ozonated_water/

32. https://www.google.com/#q=ozonated+water (pedidos de pessoas)

33. Anudita, Varunrajan V., Deepa B. (2016). "Prospeção de biomoléculas de artrópodes para Utilização medicinal e terapêutica: Avanços recentes. "Capítulo: Arthropod Diversity and Conservation in the Tropics and Sub-tropics, pp.19-31. Springer Science+Business MediaS ingapore.DOI10.100 7/9 78-981-10-1518-2_2/or, https://link.springer. com/chapter/10.1007%2F978-981-10-1518-2_2

34. Estrada G, Villegas E, Corzo (2007) Spider venoms: a rich source of acylpolyamines and peptides as new leads for CNS drugs. Nat Prod Rep 24(1):145-161 Fox

35. http://www.doctorzaidi.com/Best-Defense-Against-Ebola-Virus.html

36. Holick MF (março de 2006). "Alta prevalência de inadequação de vitamina D e implicações para a saúde".Mayo Clinic Proceedings. 81 (3): 353-73.doi:10.4065/81.3.353. PMID 16529140.

37. Maggini S, Wintergerst ES, Beveridge S, Hornig DH. "Vitaminas e oligoelementos seleccionados apoiam a função imunitária através do reforço das barreiras epiteliais e das respostas imunitárias celulares e humorais. " PubMed.gov. Centro Nacional de Informação Biotecnológica. outubro de 2007. Web. 24 de outubro de 2014. http://www.ncbi.nlm.nih.gov/pubmed/17922955

38. https://www.google.com/search?q=honey+against+ebola+virus&sourceid=chrome&ie=UTF-8#q=honey+against+virus

39. DianaHerrington (2012). " 10HealthBenefitsofHoney "/ou, http://www.care2.com/greenliving/10-health-benefits-of-honey.html

40. Bukhari: Livro 7 (Capítulo Medicina), Volume 71 : HadithNo. 592.

41. Bukhari: Livro 7 (Capítulo Medicina), Volume 71 : HadithNo. 582.

42. Bukhari: Livro 7 (Capítulo Medicina), Volume 71 : HadithNo. 587.

43. *Bukhari: Livro 7 (Capítulo Medicina), Volume 71 : HadithNo . 586.*

44. *http://ebolatreatment. info/aloe-vera-the-hehealing-plant/*

45. *Atherton P. Aloe vera revisitado. Br JPhytother. 1998;4:76-83.*

46. *Atherton P. O Aloé vera essencial: As acções e as provas. 2ª ed. 1997.*

47. *Shelton M. Aloé vera, as suas propriedades químicas e terapêuticas. Int J Dermatol. 1991;30:679-83.*

48. *Ro JY, Lee B, Kim JY, Chung Y, Chung MH, Lee SK, et al. Mecanismo inibitório do componente único do aloé (Alprogen) na libertação de mediadores nos mastócitos do pulmão de cobaias activados com reacções específicas antigénio-anticorpo. J Pharmacol Exp Ther. 2000;292:114-21.*

49. *Hutter JA, Salmon M, Stavinoha WB, Satsangi N, Williams RF, Streeper RT, et al. Antiinflamatório C-glucosyl chromone de Aloe barbadensis. J Nat Prod. 1996;59:541-3.*

50. *Amar Surjushe, Resham Vasani, e D G Saple (2008). Aloé Vera: Uma breve revisão. Indian J Dermatol. 2008; 53(4): 163-166. doi: 10.4103/0019-5154.44785*

51. *Sydiskis RJ, Owen DG, Lohr JL, Rosler KH, Blomster RN. Inativação de vírus com envelope por antraquinonas extraídas de plantas. Antimicrob Agents Chemother. 1991;35:2463-6.*

52. *Kim HS, Lee BM. Inibição da formação de adutos benzo [a] pireno-DNA por aloe barbadensis Miller. Carcinogenesis.1997;18:771-6.*

53. *Kim HS, Kacew S, Lee BM. Efeitos quimiopreventivos in vitro de polissacáridos de plantas (Aloe barbadensis Miller, Lentinus edodes, Ganoderma lucidum, e Coriolus vesicolor) Carcinogenesis.1999;20:1637-40.*

54. *Deborah Lundin (2011). "The Effect of Probiotics on Viruses" (O efeito dos probióticos nos vírus). http://www.livestrong.com/article/493980-the-effect-of-probiotics-on-viruses/*

55. *http://www.progressivehealth.com/probiotics-and-colds-and-flu.htm*

56. *Lakshmi B, Gopal D.V.R, Viswanath B. (2013). "Probióticos como agentes antivirais na aquicultura". Hindawi Publishing Corporation; Jornal de Patógenos Volume 2013, Artigo ID424123, 13 páginas.*

57. *ImadAl Kassaa 920160. Probióticos antivirais: Um novo conceito nas ciências médicas. Capítulo: New Insights on Antiviral Probiotics pp 1-46*

58. *Ang LYE, Too HKI, Tan EL et al. (2016). "Atividade antiviral de Lactobacillus reuteri Protectis contra a infeção por Coxsackievirus A e Enterovirus 71 em linhas celulares de músculo esquelético e cólon humano". VirologyJournal201613:111. DOI: 10.1186/s12985-016-0567-6*

59. *Hutkins RW; Krumbeck JA; Bindels LB; Cani PD; Fahey G Jr.; Goh YJ; Hamaker B; Martens EC; Mills DA; Rastal RA; Vaughan E; Sanders ME (2016). "Prebióticos: por que as definições são importantes". Curr Opin Biotechnol. 37: 1-7.doi:10.1016/j.copbio.2015.09.001.*

60. *Monachese M, Rundles SC, Diaz MA, et al. (2011). "Probióticos e prebióticos para combater as infecções entéricas e o VIH no mundo em desenvolvimento". Um Relatório de Consenso. Gut Microbes. Vol 2, Issue 3. Pa. 198-206.*

61. *Peterson AT, Bauer JT, Mills JN (2004). "Distribuição ecológica e geográfica da doença por filovírus". Doenças Infecciosas Emergentes. 10 (1): 40-47. doi:10.3201/eid1001.030125.*

62. *Hoenen T, Groseth A, Feldmann H (julho de 2012). "Vacinas actuais contra o Ébola". Expert Opin Biol Ther. 12 (7): 859-72. doi: 10.1517/14712598.2012.685152*

63. *Fausther-Bovendo H, Mulangu S, Sullivan NJ (junho de 2012). "Vacinas contra o ebolavírus para humanos e macacos". Curr Opin Virol. 2 (3): 324-29. Doi: 10.1016/j.coviro.2012.04.003.*

64. *Gire SK, Goba A, Andersen KG, Sealfon RS, Park DJ, Kanneh L, Jalloh S, Momoh M, Fullah M, Dudas G, Wohl S, Moses LM, Yozwiak NL, Winnicki S, Matranga CB, Malboeuf CM, Qu J, Gladden AD, Schaffner SF, Yang X, Jiang PP, Nekoui M, Colubri A, Coomber MR, Fonnie M, Moigboi A, Gbakie M, Kamara FK, Tucker V, Konuwa E, Saffa S, Sellu J, Jalloh AA, Kovoma A, Koninga J, Mustapha I, Kargbo K, Foday M, Yillah M, Kanneh*

F, Robert W, Massally JL, Chapman SB, Bochicchio J, Murphy C, Nusbaum C, Young S, Birren BW, Grant DS, Scheiffelin JS, Lander ES, Happi C, Gevao SM, Gnirke A, Rambaut A, Garry RF, Khan SH, Sabeti PC (2014). "A vigilância genômica elucida a origem e a transmissão do vírus Ebola durante o surto de 2014". Science. 345 (6202): 1369-72. doi:10.1126/science.1259657

65. *Thi, Emily (2015). "Tratamento com siRNA de nanopartículas lipídicas de primatas não humanos infectados com o vírus Ebola-Makona". Nature. 521: 362-365*

66. *Bavarian Nordic (15 de julho de 2015). "A Bavarian Nordic anuncia que o Oxford Vaccines Group iniciou um estudo de Fase 2 do regime de vacina de reforço primário contra o Ébola que combina MVABN Filo e a tecnologia Advac da Janssen" (Comunicado de imprensa). Copenhaga, Dinamarca: Bavarian Nordic. Recuperado em 16 de julho de 2015.*

67. *Hirschler, Ben (9 de outubro de 2015). "J&J inicia teste de vacina em Serra Leoa, mesmo com o desaparecimento do Ebola". Reuters. Recuperado em 15 de outubro de 2015.*

68. *Shuchman, Miriam (2015). "Teste de vacina contra o ebola na África Ocidental enfrenta críticas". O Lancet. 385: 1933-4. doi:10.1016/s0140-6736(15)60938-2*

69. *Henao-Restrepo, Ana Maria; et al. (31 de julho de 2015). "Eficácia e efetividade de um Vacina vectorizada rVSV que exprime a glicoproteína de superfície do Ébola: resultados provisórios do ensaio aleatório por grupos de vacinação em anel da Guiné" (PDF). Lancet. 15 (9996): 61117-5 . doi:10.1016/S0140-6736(15)61117-5*

70. *NIH (2015). "As vacinas de teste de Ebola parecem seguras no ensaio clínico liberiano de Fase 2". Comunicado de imprensa do NIH (26 de março de 2015).*

71. *OMS (2016). "OMS coordenando a vacinação de contatos para conter o surto de Ebola na Guiné". WHO.int. Recuperado em 20 de julho de 2016.*

72. *Henao-Restrepo,Ana Maria; et al. (22 de dezembro de 2016). "Eficácia e eficácia de uma vacina com vetor rVSV na prevenção da doença do vírus Ebola: resultados finais da vacinação em anel da Guiné, ensaio aberto, randomizado por cluster (Ebola Ça Suffit!)". The Lancet. doi:10.1016/S0140-6736(16)32621-6.*

73. *CDC (14 de abril de 2015). "O ensaio da vacina contra o Ébola começa na Serra Leoa" (Comunicado de imprensa).*

74. *Marzi, A.; Halfmann, P.; Hill-Batorski, L.; Feldmann, F.; Shupert, W. L.; Neumann, G.; Feldmann, H.; Kawaoka, Y. (24 de abril de 2015). "Uma vacina contra o vírus Ebola inteiro é protetora em primatas não humanos". Ciência. 348 (6233): 4394 2. doi:10.1126/science.aaa4919.*

75. *Zhu, Feng-Cai; Hou, Li-Hua; Li, Jing-Xin; Wu, Shi-Po; Liu, Pei; Zhang, Gui-Rong; Hu, YueMei; Meng, Fan-Yue; Xu, Jun-Jie; Tang, Rong; Zhang, Jin-Long; Wang, Wen-Juan; Duan, Lei; Chu, Kai; Liang, Qi; Hu, Jia-Lei; Luo, Li; Zhu, Tao; Wang, Jun-Zhi; Chen, Wei (2015). "Segurança e imunogenicidade de uma nova vacina de Ebola baseada em vetor de adenovírus recombinante tipo 5 em adultos saudáveis na China: relatório preliminar de um ensaio de fase 1 randomizado, duplo-cego, controlado por placebo". The Lancet. 385 (9984): 2272.*

Capítulo 11

Fracassos recentes da investigação sobre o vírus do Ébola

Ensaio falhado de um nanomedicamento

Um produto de nanopartículas lipídicas de ARN denominado TKM-130803 foi utilizado para o tratamento da doença provocada pelo vírus Ébola (DVE), mas a sua eficácia e segurança em seres humanos não foram devidamente monitorizadas, uma vez que não influenciou a taxa de sobrevivência das vítimas no ensaio clínico de fase 2 [1].

Lidar com a incerteza

Os ensaios pré-clínicos não podem fornecer indicações e previsões claras sobre a segurança e a eficácia em seres humanos. Esta é uma limitação transparente na seleção e ensaio de medicamentos recentemente patenteados em vítimas do vírus Ébola [2]. Mesmo a seleção do fármaco escolhido como padrão para o ensaio de medicamentos recém-formulados constitui um grande desafio, uma vez que existe uma série de fármacos padronizados com funcionalidade variada. A resposta aos medicamentos normalizados utilizados varia de doente para doente, pelo que a seleção de um medicamento normalizado único para as vítimas de todas as idades e sexo é muito complicada.

As ferramentas CRISPR/Cas não foram implementadas

As repetições palindrómicas curtas agrupadas regularmente espaçadas/cas são ferramentas de edição de ARN que têm sido utilizadas no ensaio clínico de doentes com cancro, especialmente para os doentes com cancro da próstata na China. Em março de 2017, 3 indivíduos com carcinoma da próstata, da bexiga e renal foram seleccionados para o ensaio clínico do ensaio CRISPR-Cas9 [3]. Os EUA vão realizar um ensaio com 20 indivíduos no final de 2017. Já utilizaram a técnica CRISPR recolhendo amostras de 18 doentes com diferentes tipos de carcinoma [4]. A técnica pode ser utilizada para outras doenças infecciosas fatais, incluindo o VIH [5] e os cancros virais. Mesmo para fins agrícolas, a técnica CRISPR vai ser revolucionária na próxima década [6]. No entanto, é de lamentar que as ferramentas de edição do genoma não tenham sido utilizadas para o tratamento do Ébola.

Proibição de medicamentos homeopáticos

A prescrição de medicamentos homeopáticos não era permitida em 2014, mas os especialistas em homeopatia enviados para a África Ocidental foram aconselhados a trabalhar como médicos e a não prescrever homeopatia, apesar das suas muitas características positivas contra os sintomas semelhantes aos da infeção por Ébola, como a mosca espanhola (fonte de arsénico), veneno de cobra, etc. O mistério ainda é desconhecido, porque deixaram de dar homeopatia [8]. Talvez fosse uma tendência dos médicos de alopatia para ganhar dinheiro, uma vez que estavam a tentar encontrar uma solução adequada utilizando porcos Ginny humanos. *CROTALUS HORRIDUS* é uma cura homeopática para o vírus do Ébola na diluição de 30C [7] que não foi utilizada nos surtos de Ébola na África Ocidental.

Artrite e dores nas articulações

Alguns indivíduos (cerca de 22% dos casos do ensaio de fase 1) sofreram de artrite ou dores nas articulações durante um período que variou entre uma semana e vários meses. Consequentemente, o ensaio experimental da vacina contra o Ébola foi interrompido. Os ensaios foram realizados no Reino Unido, em África, em Genebra e nos Estados Unidos, onde se verificou o mesmo resultado para as pessoas vacinadas com diferentes intensidades de dores nas articulações. Por outro lado, foram utilizados vírus avirulentos geneticamente modificados (recolhidos de bovinos) como vacina contra o Ébola, o que constitui sempre uma ameaça devido à possibilidade de reverter a forma virulenta através de mutações inesperadas no interior da pessoa vacinada [9].

Efeitos secundários durante o STRIVE

Durante o STRIVE (Sierra Leone Trial to Introduce a Vaccine against Ebola) foram registados diferentes tipos de efeitos secundários. Cerca de 12,5% (1 em cada 8) das pessoas vacinadas sentiram náuseas nas primeiras 24 horas após a vacinação; 14,5% (1 em cada 8)

de 7) tiveram um inchaço ligeiramente doloroso das articulações após uma semana de vacinação; 5% (1 em 20) dos vacinados sofreram erupções cutâneas, bolhas nas mãos e nos pés e úlceras na boca no segundo dia de vacinação [10].

Aumento do estado de stress

Dor intensa no lado da injeção, febre, acne muscular, dores no braço, dores de cabeça, mialgia, etc., são sintomas muito comuns nas pessoas vacinadas contra o Ébola, o que as torna parcialmente imunocompatíveis com a vacina infundida e gera uma situação muito stressante. Para um doente imunocomprometido e de coração fraco, este estado pode ser fatal [11].

Medicamentos nutracêuticos e ayurvédicos

Nos últimos tempos, investigadores e estudantes de todo o mundo têm constatado que as vítimas do Ébola são listadas para receberem prescrições de vacinas em vez de serem sugeridos produtos nutracêuticos, terapêuticas à base de plantas e ayurvédicas que podem curar doenças utilizando o sistema natural do hospedeiro. Esta é uma indicação clara da tendência para fazer dinheiro das farmacêuticas de renome em todo o mundo, em que, em nome da vacinação, os indivíduos são tratados como porcos Gini humanos. Os produtos farmacêuticos opõem-se terminantemente à aplicação de produtos à base de plantas, nutracêuticos, homeopáticos e ayurvédicos, especialmente no momento em que vários cientistas e jornalistas revelam que o surto de Ébola de 2014 foi um bioterrorismo frio perpetrado por estirpes virais de Ébola concebidas em laboratório.

Referências

1. *Dunning J, Sahr F, Rojek A, Gannon F, Carson G, Idriss B, et al. (2016) Tratamento experimental da doença do vírus Ébola com TKM-130803: um ensaio clínico de fase 2 de braço único. PLoSMed 13(4): e1001997. https://doi.org/10.1371/journal.pmed.1001997*
2. *Ioannidis JPA. Extrapolação de animais para humanos. Sci Transl Med 2012:4:151ps15*
3. *Cyranoski D (2016). "Edição de genes CRISPR testada numa pessoa". O ensaio pode desencadear um duelo biomédico entre a China e os EUA. Natureza Biotecnologia. Vol 539. Pa. 479.*
4. *Reardon S (2016). Primeiro ensaio clínico CRISPR recebe luz verde de um painel dos EUA. O primeiro teste da técnica em pessoas pode começar já no final do ano. Nature: International Weekly Journal of Science, doi: 10.1038/nature.2016.20137.*
5. *Reardon S (2014). O método de edição de genes combate o VIH no primeiro teste clínico. As enzimas alteram as células imunitárias sem efeitos secundários aparentes. Natureza: International Weekly Journal of Science, doi :10.1038/nature.2014.14813.*
6. *Woo JW, Kim J, Kwon SI et al. (2015). "Edição do genoma sem DNA em plantas com ribonucleoproteínas CRISPR-Cas9 pré-montadas". Nature Biotechnology. Vol. 538. Pa. 1-4. doi:10.1038/nbt.3389*
7. *http://www.indiainfoline.com/article/print/news-top-story/treatment-for-ebola-through-homeopatia-114082000119_1.html*
8. *http://www.dailymail.co.uk/news/article-2839577/Homeopathy-cure-Ebola-Doctors-attack-armchair-intellectuals-World-Health-Organisation-refuse-let-treat-deadly-virus-snake-venom-remedy.html*
9. *Monte Morin (Repórter de Contacto). "Efeitos secundários interromperam temporariamente o ensaio de segurança da vacina contra o Ébola. " Perda Angeles Times. Domingo, 4 de junho de 2017/or,*

http://www.latimes.com/science/sciencenow/la-sci- sn-vsv-ebola-vaccine-20150407-story.html

10. *https://www.cdc.gov/vhf/ebola/strive/qa.html*
11. *https://en.wikipedia.org/wiki/Ebola_vaccine*

Capítulo 12

Cancro e Ébola

Cancro vs Ébola

Quando ocorre um crescimento anormal das células, capaz de se espalhar e invadir outras partes do corpo, este fenómeno é designado por doença oncológica, que afecta pessoas em todo o mundo. Mas a doença do Ébola foi descoberta recentemente e afecta sobretudo a população do continente africano. Ambas as doenças afectam homens e mulheres. O cancro afecta principalmente as pessoas mais velhas, com mais de 60 anos, enquanto o ébola afecta tanto os mais velhos como os mais novos. O ébola mata mais rapidamente do que o cancro [1].

Superfármaco inovador contra o cancro pode também ser utilizado para combater o Ébola

Recentemente, cientistas revelaram um medicamento recentemente desenvolvido para o cancro, com potencial para matar superbactérias e também para vencer vírus mortais como o ébola e o VIH. Nas células, o motor dos vírus e dos cancros é interrompido por esse medicamento descoberto, sem afetar o resto do corpo. O medicamento, conhecido como AR-12, está agora a ser utilizado em ensaios clínicos contra o VIH por uma empresa farmacêutica do Reino Unido e o exército dos EUA está a planear realizar um projeto para observar a eficácia do medicamento contra vírus como o ébola. De acordo com o artigo de investigação publicado no Journal of Cellular Physiology, a equipa da Virginia Commonwealth University (VCU) descobriu que o medicamento tem como alvo características-chave das doenças e esmaga as proteínas "chaperone" que actuam como lenços para impedir a decomposição de células cancerosas ou infectadas. Depois de quebrar as proteínas, um sinal de stress desencadeia a auto-consumo das células, provocando assim a propagação de vírus e doenças. Os testes iniciais deste medicamento mostraram que a taxa de sobrevivência de coelhos atacados por um vírus do tipo ebola mais do que duplicou, passando de 30% para mais de 60% [2].

Combater o cancro e o Ébola com nanopartículas

O núcleo da nanotecnologia é a capacidade de ligar fármacos e, em alguns casos, metais e minerais a nanopartículas que se ligam a células cancerígenas ou vírus potencialmente mortais. As células cancerosas são mortas através do aquecimento das nanopartículas, deixando vivas as células saudáveis. A equipa do Dr. Webster desenvolveu nanoestrelas que podem matar as células cancerígenas porque aquecem mais rapidamente. Mas no caso do vírus do Ébola esta tecnologia ainda não foi utilizada. A equipa do Dr. Webster também utilizou o selénio como uma ferramenta à escala nano contra o cancro, sendo esta a mais recente via de estudo. O selénio pode matar bactérias, mas contra vírus ainda não foi utilizado [3].

Nanotecnologia para detetar tudo, desde o cancro ao vírus Ébola

Os investigadores desenvolveram uma nova tecnologia para detetar biomarcadores de doenças sob a forma de ácidos nucleicos, pelo que, em breve, poderá ser possível fazer um teste de picada no dedo para detetar o cancro. Para identificar qualquer coisa, desde o cancro ao vírus Ébola, este poderá ser um potencial teste de diagnóstico de primeira linha e não invasivo [4].

Medicamentos para o cancro da mama curam a infeção pelo vírus do Ébola em ratinhos

Investigadores do Instituto de Investigação Médica de Doenças Infecciosas do Exército dos Estados Unidos, num estudo inédito, descobriram que os medicamentos para os receptores de estrogénio destinados à infertilidade e ao tratamento do cancro da mama podem impedir que os ratos sejam infectados com o vírus Ébola. Uma investigação revela que os medicamentos para o cancro da mama e para a infertilidade podem manter vivos até 90 por cento dos ratos infectados com o vírus Ébola [5].

Utilizar um vírus mortal para matar o cancro: Os cientistas experimentam um novo tratamento

Anthony Van den Pol, um professor de neurocirurgia de Yale, e a sua equipa revelaram recentemente que o vírus da estomatite vesicular, ou VSV, era realmente um bom vírus para infetar o cancro. Mas torna-se perigoso se atingir as células cerebrais através da ligação entre a glicoproteína do VSV e as células neuronais. Assim, a substituição da glicoproteína do VSV por uma de outro vírus pode ser suficientemente segura para ser utilizada no cérebro. Cinco vírus, como o Ébola, o Marburgo, o vírus da coriomeningite linfocítica (LCMV), o da raiva e o de Lassa, têm glicoproteínas semelhantes à glicoproteína do VSV. A quimera do VSV com um desses vírus poderia interromper a atividade da glicoproteína S do VSV. Van den Pol e a sua equipa utilizaram secções do material genético de cada vírus. A equipa retirou o gene que codificava a glicoproteína do

VSV e substituiu-o por um gene que codificava a glicoproteína de outro vírus. Quando a equipa terminou, tinha cinco novos vírus criados pelo homem. Dos cinco, o mais eficaz foi a quimera Lassa-VSV [6].

Os investigadores testaram estas quimeras contra algumas formas de cancro do cérebro. Em cultura de laboratório, o Lassa-VSV e o Ébola-VSV funcionaram bem. Os investigadores implantaram células de glioma humano no cérebro de ratinhos para testar o seu desempenho. O grupo de ratinhos que não foi submetido a tratamento morreu em cerca de 29 dias. Tanto o Ebola-VSV como o Lassa-VSV apresentaram melhor desempenho do que os que não receberam tratamento. As injecções de Lassa-VSV em ratos mostraram uma boa capacidade de sobrevivência 80 dias depois, mas o Ebola-VSV teve um desempenho ligeiramente inferior. O vírus danificou os tumores sem afetar as células cerebrais. Continuam a decorrer investigações nesta área do tratamento do cancro com vírus [6].

Referências

1. *Cancro Vs Ébola - Saúde - Fórum Nairalândia (2016). Link: http: www.nairaland.com 2548119 cancer-vs-ebola-most-deadly*
2. *Notícia publicada porSEANMARTIN (Jul11, 2016) Link: http://www.express.co.uk/news/science/688379/Breakthrough-cancer-super-drug-can-also-be-used-to-beat-ebola-and-HIV*
3. *Artigo escrito por Peter Shadbolt, para a CNN (26 de março de 2015) Link: http://edition.cnn.com/2015/03/25/tech/webster-nanoparticles-cancer-mci/*
4. *Artigo escrito por IANS em Times of India (14 de fevereiro de 2016), Link: http://timesofindia.indiatimes.com/life-style/health-fitness/health-news/Nanotech-to-detect-anything-from-cancer-to-Ebola-virus/articleshow/50981820.cms*
5. *Artigo escrito por Nina Lincoff e publicado em 20 de junho de 2013 na Healthline. Link: http://www.healthline.com/health-news/tech-breast-cancer-drugs-fight-ebola-virus-infection- 062013#1*
6. *Artigo escrito por Kiona Smith-Strickland no Washington Post em 7 de dezembro de 2015. Link: https://www.washingtonpost.com/national/health-science/using-a-deadly-virus-to-kill-cancer-scientists-experiment-with-new-treatment/2015/12/07/7d30bc5a-9785-11e5-8917-653b65c809eb_story.html?utm_term=.4044705f475e*

Capítulo 13

Estudo comparativo entre o vírus Ébola e o VIH

O ponto-chave das diferenças

1. A SIDA, ou o vírus que a provoca, o VIH, é mais um assassino silencioso e invisível que tem um longo período de latência. A comunidade mundial não se apercebeu imediatamente dos efeitos mortais do VIH ou da SIDA, mas apercebeu-se dos efeitos terríveis e a curto prazo e dos sintomas de ação rápida do Ébola.

2. Os sintomas do vírus VIH podem estar latentes durante meses ou mesmo anos. Em contrapartida, os sintomas devastadores e de grande visibilidade são facilmente perceptíveis numa vítima do vírus Ébola.

3. O Ébola não tem período de latência. O Ébola tem um período de incubação de dois a 21 dias, apresentando mais frequentemente sintomas entre 8 a 10 dias de infeção. Uma vez que o Ébola apresenta sintomas externos extremos, é mais fácil identificar quem está infetado e como isolá-lo e assim conter o vírus.

4. Com o VIH, muitos nem sequer sabem que estão infectados até anos mais tarde, depois de terem infetado outros sem o saberem.

5. O vírus Ébola mata as vítimas ao provocar um estado hemorrágico e a subsequente falência dos órgãos. Por outro lado, o VIH mata indiretamente as vítimas através da redução do sistema imunitário, tornando-as propensas a infecções mortais, e não através do próprio vírus.

6. O VIH não é contagioso, enquanto o Ébola é agudamente contagioso.

7. Os doentes com SIDA podem transmitir o vírus sem o saberem, mas para um doente com Ébola é o contrário.

Semelhanças

1. Tanto o Ébola como o VIH/SIDA são doenças virais.
2. Propagação através do sangue e de outros fluidos corporais.
3. Elevadas taxas de mortalidade.

4. Não existem vacinas aprovadas para as prevenir.
5. Ambos os vírus são originários de África.
6. É necessária uma ação da comunidade internacional para travar o surto e evitar a pandemia.

O ébola e a SIDA são catástrofes semelhantes. A comunidade internacional terá certamente de atuar para ajudar estes países da África Ocidental, uma vez que eles não têm capacidade para o fazer de forma independente.

Capítulo 14

Poucas opções fundamentais para uma futura investigação avançada sobre o vírus Ébola

- A GP é uma glicoproteína transmembranar. Durante o processo de ligação à célula hospedeira, a GP actua como o bilhete para entrar na célula. O vírus do Ébola contém proteínas GP1 e GP2, podendo as proteínas "Anti-GP1" e "Anti-GP2" ser concebidas para limitar o processo de infeção.
- O desenvolvimento de anti VP35 deve ser muito útil para impedir mais danos após a invasão.
- Mutagénese específica no sistema celular para alterar a composição dos receptores, de modo a que a formação de macropinocitose possa ser interrompida após a ligação viral.
- As pró-enzimas devem ser desenvolvidas para serem inseridas na célula hospedeira para lisar o sistema enzimático de virulência. Na verdade, a proenzima permanece numa forma inativa depois de entrar na célula hospedeira, mas um certo tempo depois torna-se activada como uma enzima. Se for concebida com um anticorpo monoclonal, a sua atividade será específica e mais transparente.
- As moléculas reguladoras adicionais biossinteticamente específicas das citocinas podem ser geradas para evitar a desregulação das citocinas após alguns dias de infeção.
- Os dispositivos nanochip de deteção de ADN e os sistemas de nanofiltração podem ser concebidos utilizando nanopartículas na fase intra-celular.
- O rastreio de sinais específicos de infeção viral e a eliminação de moléculas virulentas e quiméricas podem ser desenvolvidos utilizando BAX (gene apoptótico) com bionano-partículas.

Abreviaturas:

ACTH (Adenocorticotrophic Hormone), Ad26 (Adenovirus Serotype 26), ALT (Alanine aminotransferase), AST (Aspartate aminotransferase), BeYDV (Bean Yellow Dwarf Virus), CA (Coxsackievirus type A), CAdVax (Complex Adeno Virus Based Vector), CDC (Center for Disease Control), CRH (Corticotropin Releasing Hormone), CTLs (Cytotoxic T-Lymphocytes), EBOV (Zaire Ebola Virus), EDV (Ebola Virus Disease),EHF (Ebola Hemorrhagic Fever),EIC (Ebola Immune Complex),ELISA (Enzyme Linked Immunosorbent Assay), GP (Glycoportein), h6D8(Humanized 6D8 IgG Antibody), HPA (Hypothalamic Pituitary Adrenocortical), HSV (Herpis Simplex Virus), IL (Interleukin),LCMV (Lymphocytic Choriomeningitis Virus), mAbs (Monoclonal Antibodies), MODS (Multiple Organ Dysfunction Syndromes),MVA-BN (Modified Vaccinia Virus Ankara - Bavarian Nordic), NIH (National Institute of Health), NPC 1 (Niemann-Pick C1), pfu (Plaque Forming Unit), PM (Plasma Membrane), PNI (Psycho-Neuro-Immunological), POC (Rapid point-of-care), SPIOs (Super-magnetic iron oxide nanoparticles), TIM-1 (T-cell Ig and Mucin Domain), TIRF (Total Internal Reflection Fluorescence), TNF (Tumor Necrosis Factor), VLP (Virus Like Particles),WHO (World Health Organization).

MIX
Papier aus verantwortungsvollen Quellen
Paper from responsible sources
FSC® C105338

Printed by Books on Demand GmbH, Norderstedt / Germany